建设社会主义新农村图示书系

U0273432

解 柑橘整形修剪

谢深喜　主编

中国农业出版社

编写人员名单

主　　编　谢深喜

参编人员　张秋明　郑朝耀　谢玉明　李大志

前 言

近年来，我国种植业结构有了较大的调整，经济作物种植面积不断扩大，尤其是柑橘生产得到了迅速发展，面积大、产量高、效益好，已成为一些地区发展生产，繁荣经济，改变面貌，脱贫致富的好门路。

柑橘是一种适宜于热带和亚热带种植的丰产、经济价值较高的世界性重要果树，主要分布在135个国家，占世界水果总产量的1/4左右，我国柑橘栽培面积和产量均居世界首位。柑橘果实营养丰富，色、香、味、形兼优，既可鲜食，也可加工制汁、制罐和做蜜饯等，综合利用前景广阔；同时柑橘种类品种多，分批成熟，又多耐贮藏，可做到周年供应；另外柑橘适应性强，结果早，产量高，经济效益显著，深受广大生产者和消费者的喜爱。随着柑橘面积和产量的不断增加，柑橘在国际、国内市场上的竞争更趋激烈。柑橘生产者要想在激烈的竞争中立于不败之地，既要懂得柑橘的科学知识和生产技术，又要掌握市场信息，才能生产出受市场欢迎的柑橘果品。

整形修剪是柑橘生产中重要的技术措施，对柑橘的生长、结果、品质都具有重要的作用，历来为广大果农和科技工作者所重视。为了适应柑橘生产的要求，我们编写了《图解柑橘整形修剪》一书，以便更好地推广普及柑橘优质、高效栽培技术，并总结交流这方面的新成果、新经验，更好地为广大橘农服务。

笔者受中国农业出版社之约，在柑橘界同行的鼎立支持下，编著了《图解柑橘整形修剪》这本书。全书共六章，第一章柑橘整形修剪的意义，第二章与整形修剪有关的柑橘生物学特性，

第三章柑橘整形修剪的原则和依据，第四章柑橘整形修剪的时期与基本方法，第五章柑橘整形，第六章柑橘修剪。本书在编著过程中力求联系生产实际，以实用技术为主，介绍的知识新颖，技术实用，操作性强，理论浅显易懂。采取以图为主，附以简略实用文字说明的编写形式，一目了然，既可供广大橘农阅读，又可供科技工作者参考。

　　由于我们水平有限，收集资料不全，书中缺点和不妥之处在所难免，敬请读者赐教。

编著者

目　录

第一章　柑橘整形修剪的意义

整形是指通过修剪及相应的栽培技术措施，形成合理的树体形状和树冠结构；修剪是指所有直接控制果树生长和结果的机械手法和类似措施。断根和化学调控也属于修剪的范畴。"整形"与"修剪"是相互依赖、不可分割的整体，整形主要通过修剪来实现，修剪必须根据整形的要求进行。但是，整形和修剪又有其独立性和灵活性。本书所指的"修剪"包括广义的修剪。

柑橘整形修剪的作用有以下几个方面。

1　培养合理骨架，构成丰产树形

自然生长的树枝条分布紊乱，树冠郁闭，枝条分布不均衡

经修剪的树结构合理，枝条分布均衡，负荷力强

2 改善通风透光条件，提高果实品质

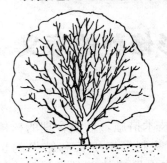 

自然生长的树，通风透光不良，内膛枝逐渐枯死，病虫害严重，果实品质变劣

经修剪的树通风透光良好，果实品质优，病虫害少

3 提高个体和群体产量，延长结果年限

自然生长的树，结果部位逐年外移，树冠内部空膛，绿叶层薄，产量下降快

经过修剪的树；树冠丰满，绿叶层厚，产量高

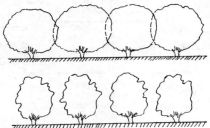

通过修剪能控制树冠，使株间和行间保持一定空间，通风透光良好，延长丰产年限

4　调整生长与结果的关系，克服大小年

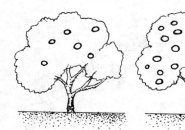

自然生长的树，由于自身调节，容易形成大小年结果现象

修剪能调节生长与结果平衡，克服大小年结果现象，产量稳定，品质好

5　控制树冠生长，便于果园管理

自然生长，树冠高大或披垂落地，不利于土壤管理和树冠管理

通过整形修剪，树干高度适中，便于土壤管理和树冠管理

6 因地制宜修剪，增强抗灾能力

坡地橘园未经修剪，受自然条件影响，树冠沿坡地倾斜

通过修剪控制树冠，通风透光良好，管理方便，可防止树体倒伏

　　总之，修剪能调节器官平衡，调节树体营养，调节群体和个体结构，使柑橘提早结果，品质优良，寿命延长。同时，便于管理，达到高产、优质、高效的目的，是一项重要的栽培管理措施。

第二章 与整形修剪有关的柑橘生物学特性

1 柑橘的生长特性

柑橘属于芸香科，柑橘亚科，包括柑橘属、金柑属和枳壳属。由于柑橘属种类品种繁多，分为大翼橙、宜昌橙、枸橼、柚、橙、宽皮柑橘等六类。因此，通常指的柑橘包括三个属的植物和属、种、品种间的杂种，其生长情况既有较大的差异，又有许多共同的特性。

1.1 树性

柑橘除枳壳外，其他均为常绿树，为小乔木或乔木。柑橘生长势较强，枝多叶茂，绿叶层较厚，在大株稀植园内,30 年以上的

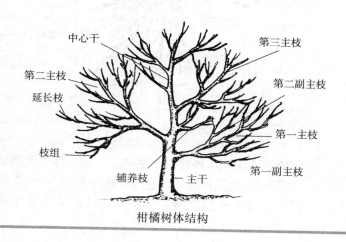

柑橘树体结构

成年树可高达 10 余米。但不同品种、砧木以及不同栽培条件，长势强弱不一。柑橘地上部分包括主干和树冠，树冠包括骨干枝（中心干、主枝、副主枝）和枝组。辅养枝指幼年树留的小枝群；延长枝处于骨干枝先端，是扩大树冠的主要枝条。

柑橘嫁接苗定植后，在适宜的环境条件下，经过 1～3 年营养生长，即可开花结果。随着树龄增长，产量逐年增加，如管理良好，盛果期限可延长至数十年以上。

1.2 根系

1.2.1 根系的结构与分布

柑橘的根系功能除固定树体外，主要是从土壤中吸收养分与水分，并参与有机营养物质的合成和贮运。柑橘的根系由主根、侧根和须根组成，柑橘的根系主要依靠菌根吸收水分和养分。柑橘幼苗定植后，首先往下生长垂直根，然后横向伸展水平根。

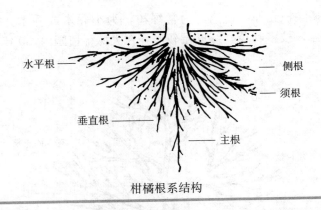

水平根　　　　　　　　侧根
　　　　　　　　　　　须根
垂直根
　　　　　　　　　　　主根

柑橘根系结构

根系分布依据不同栽培环境、土壤状况、砧木种类及栽培管理水平而异。大多数柑橘品种 90％以上的根系分布在 10～30 厘米深的土层内。但在管理水平较高的丰产园内，根系可达更深更广的范围。

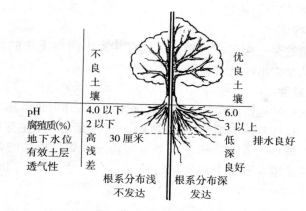

	不良土壤		优良土壤
pH	4.0 以下		6.0
腐殖质(%)	2 以下		3 以上
地下水位	高浅	30 厘米	低　排水良好
有效土层			深
透气性	差		良好

根系分布浅　　　根系分布深
不发达　　　　　发达

不同管理水平根系的分布

1.2.2　根系与地上部分生长的相关性

　　柑橘地上部分枝叶生长与根系生长，保持相对的平衡关系。根系发育好，则枝叶生育旺盛；枝叶生长好，又促进根系的生长发育。在修剪时必须注意这种相关性。如在整形修剪中要保持上下平衡生长，控制树冠，必须要控制根系生长，尤其要控制垂直根生长。

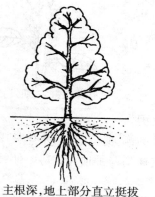

主根深，地上部分直立挺拔

水平根发达，冠幅宽大

7

1.3 柑橘的芽及特性

1.3.1 裸芽

柑橘的芽是裸芽，无鳞片，只有几片小而肉质化的先出叶包被，这几片先出叶又叫苞片。

1.3.2 复芽

被先出叶包围的芽称为主芽，而每一片先出叶的叶腋中又都有几个芽，这些芽称为副芽。柑橘的芽实际上是由一个主芽和几个副芽构成，即称为复芽。通常只是主芽萌发，如果枝条的营养水平高，也常见主芽和部分副芽同时萌发，在一个节位上同时抽发多条梢。

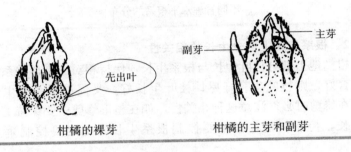

先出叶

主芽

副芽

柑橘的裸芽   柑橘的主芽和副芽

如果先萌发的嫩梢死亡或被抹除，会刺激同一节位（叶腋）的多个副芽萌发，也可能促进附近节位叶腋中的芽萌发。生产上常利用这一特性抹芽放梢，增加枝梢量，提早成形。

抹芽次数多，萌发新梢多

1.3.3 顶芽自剪

柑橘的枝梢停长后几天，靠近顶端处产生离层而断落，即顶芽"自剪"。代替顶芽生长的是顶芽脱落处下部的侧芽，在下一个生长季节，由以下的腋芽抽生枝梢继续生长，这样削弱了顶芽优势，使枝梢上部几个芽同时萌发生长。

由于侧芽代替了顶芽的生长，柑橘的分枝是假轴分枝。柑橘树

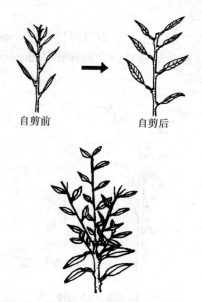

自剪前　　　　　　自剪后

顶芽自剪后，顶端芽萌发抽枝性状

的中心干为假轴状分枝培育而成，又称类中心干，且多数品种不易培养成具中心干的树形。

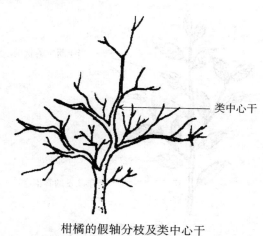

————类中心干

柑橘的假轴分枝及类中心干

1.3.4　芽的异质性

　　芽的着生部位、形成条件、发育时期不同，则形成的芽在质量上有明显差异。一般柑橘枝梢顶端的芽比基部的芽质量要好，基部的芽常呈潜伏状态。

柑橘芽的异质性

1.3.5　芽的早熟性

　　柑橘的芽在新梢停止生长、叶片转绿后就已基本发育成熟，此

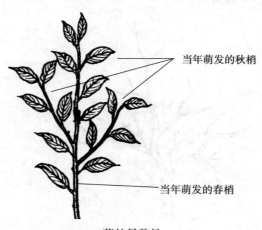

芽的早熟性

时只要养分供应充足能马上萌发抽梢。由于柑橘的芽具早熟性，使得柑橘一年多次发芽、多次抽梢能很快形成密集的树冠，因而具有早结果、丰产的可能性。

1.3.6 叶芽与花芽

柑橘芽很小，从外形无法鉴别叶芽和花芽。萌发后仅抽生枝叶而没有花的芽称为叶芽。萌发后能开花的芽称为花芽。柑橘花芽除枳是纯花芽外，均为混合花芽，萌发后先抽枝叶后开花。

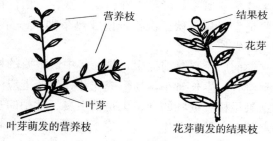

叶芽萌发的营养枝　　　　花芽萌发的结果枝

叶芽与花芽

1.3.7 潜伏芽

凡没有在当年萌发的芽称潜伏芽，一般都着生在枝条下部或多年生枝上，将上部枝段剪去，促使营养集中，可刺激下部潜伏芽萌发。潜伏的时间数年至数十年不等，修剪上往往利用潜伏芽的特性进行枝干更新。

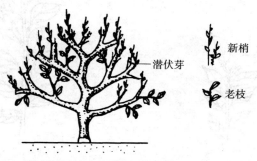

衰老树回缩后由潜伏芽萌发的更新枝

1.4 枝梢的分类及特性

柑橘枝梢不仅是树冠构成的基础，还是开花结果的基础。正确了解枝梢的形态、结构，认识枝梢的不同类别和作用，才能在修剪中正确利用或控制。

1.4.1 枝梢的类别

各类枝梢由于营养基础、生长季节及外界环境条件等影响，造成形态和生理上的差异。

（1）**按生长季节划分** 可分为春、夏、秋、冬梢，在亚热带地区一年中主要是春、夏、秋三次梢，南亚热带地区一年有春、夏、秋、冬四次梢的生长。

春梢：立春前后至立夏前抽生，是一年中最重要的枝梢。发生数量多，抽生整齐，生长量小，易形成花芽，生产上应注重培养健壮的春梢作结果母枝。健壮的春梢也是抽生夏、秋梢的基枝。

夏梢：立夏至立秋前抽生，多发生于树冠外围健壮春梢上，因处在高温多雨季节，生长旺盛。成年树坐果多，抽梢少；幼年树抽梢多，主要利用培养骨干枝以加速成形。发育充实的夏梢也可以形成花芽，夏梢大量萌发会加剧落果，应针对具体情况加以利用和控制。

春　梢

夏　梢

　　秋梢：在立秋至立冬前抽生，主要在当年生春梢及夏梢上发生，形态介于春、夏梢之间。早秋梢组织充实，可成为良好的结果母枝；9月份以后仍有少量晚秋梢发生，亚热带地区温度低，没有利用价值。热带地区因冬季较暖，可作为幼树扩大树冠之用。

　　冬梢：指立冬以后抽的梢。因抽生期气温低，枝梢短小细弱，易发生冻害，无生产利用价值。我国一般只有南亚热带地区才抽生冬梢。

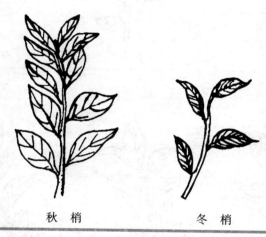

秋　梢　　　　　　冬　梢

　　（2）依一年中新梢抽发次数划分　可分为一次梢、二次梢、三次梢。柑橘抽生二、三次梢的数量与树龄、树势、结果情况、栽培管理密切相关。幼树长势旺，二、三次梢抽生数量多，进入盛果期后，抽生数量则下降。

　　一次梢：指在当年内，春、夏、秋各季，只在上年或往年的枝梢上抽发一次新梢，且当年不再在新梢上继续抽梢。

　　二次梢：指在当年的一次梢上再抽生一次新梢。柑橘上常见的二次梢有：春、夏梢，春、秋梢，夏、秋梢三种。幼年树和初结果树，由于生长势旺，常在春梢上抽生较多的强夏梢。人为采取措施（如摘心、扭梢、拿枝）也可促发二次梢的形成。

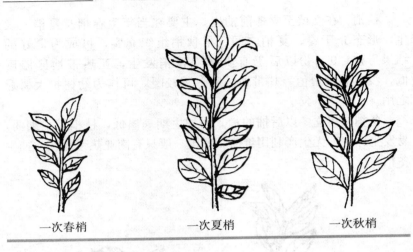

一次春梢　　　　　一次夏梢　　　　　一次秋梢

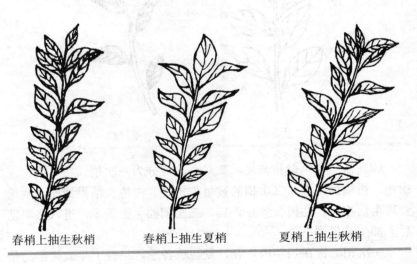

春梢上抽生秋梢　　　春梢上抽生夏梢　　　夏梢上抽生秋梢

　　三次梢：在当年的二次梢上再抽生一次新梢。三次梢的形成一般有两种情况，一种是一年中连续抽生春、夏、秋三次梢；另一种是采取控夏梢后，在春梢上连续抽发两次秋梢。后一种往往因最后一次抽梢迟，发育不充分，不易形成花芽，生产上没有应用价值。

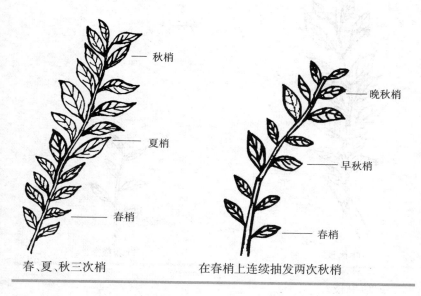

春、夏、秋三次梢 在春梢上连续抽发两次秋梢

（3）依性质分为营养枝和结果枝

①营养枝。当年不开花结果的枝。营养枝又可分为普通营养枝、徒长枝和纤弱枝三种。

普通营养枝：较粗壮，长度大多在10～30厘米，组织充实，叶色浓绿，这种枝的数量是树势健壮的标志，此种枝第二年很可能转化为良好的结果母枝。

普通营养枝

徒长枝：枝梢生长特别旺盛，长度在30厘米以上，有的可长达1米以上，节间长，组织不充实，一般多发生在夏季。徒长枝一般会扰乱树形，影响树势，多数从基部疏去；如生长部位适合，可利用它来整形培养枝组或更新复壮用。

纤弱枝：枝梢生长细弱而短，多在衰弱树或荫蔽处发生，修剪时应适当疏除。

徒长枝　　　　　　　　　　　　　纤弱枝

②结果枝。

花枝与成花母枝：当年抽生的新梢中，有花的叫花枝，而抽生花枝的枝条叫成花母枝。

花枝

成花母枝

花枝与成花母枝

根据花枝上有无叶片、花的数量、着生状态分为有叶单花枝、无叶单花枝、有叶花序枝、无叶花序枝 4 种。宽皮柑橘类及金柑属只具有有叶和无叶单花枝。

落花落果枝：开花坐果到果实成熟的过程中，花枝上的花、果脱落的叫落花落果枝。落花落果枝一般瘦小衰弱，这类枝的营养

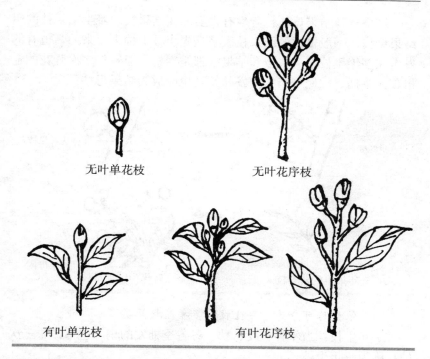

无叶单花枝　　　　　　　　无叶花序枝

有叶单花枝　　　　　　有叶花序枝

水平低，多数发育不良，不易着果。对落花落果枝群应尽量疏删，比较粗大的落果枝，可以短截作为更新母枝。

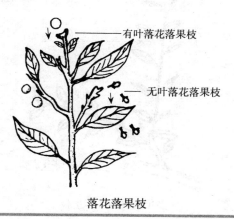

有叶落花落果枝

无叶落花落果枝

落花落果枝

结果枝与结果母枝：着生有果实的叫结果枝。着生结果枝的叫结果母枝。一般柑橘的结果枝大多是先年枝上抽生出来的，也有的发生在多年生枝上。花枝和结果枝都是春梢，但一年多次开花的金柑、四季橘、柠檬等当年抽发的新梢也能成为结果母枝。

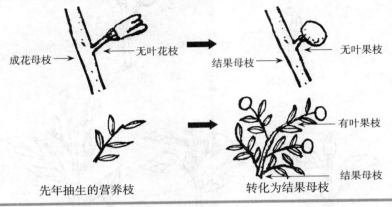

先年抽生的营养枝　　　　　转化为结果母枝

（4）依枝龄可分为一年生枝和多年生枝两类

一年生枝：当年春、夏、秋、冬各季抽发的梢（包括二、三次梢）称为一年生枝。

多年生枝：指往年抽发的枝。

多年生枝与一年生枝

总之，各种枝梢在其生长发育过程中各自表现的形态特征和作用不同。认识这些枝梢发生的多少、强弱及其不同的作用对柑橘树整形修剪有极其重要的作用。

1.4.2　枝组的分类

枝组指基枝和基枝上着生的各类枝的合称。

依枝组的生长势可分为强旺枝组、中等枝组和衰弱枝组。

（1）强旺枝组　垂直或斜生状，枝组内新梢多，各类营养枝中以长枝为多，中短枝少。枝组随着分枝的增加，生长势逐步得到缓和，开始有少数弱枝开花，逐渐大量开花结果，进入盛果期后逐渐衰退，树体营养条件好可抽生强枝得到更新。

强旺枝组

（2）中等枝组　这种枝组多以斜生为主，生长势中庸、健壮，枝条长短适中，营养枝、成花母枝比例较协调，易于连续结果。枝组内部也能交替结果，轮换更新。在修剪时，应注意培养中等枝组。

（3）衰弱枝组　长势衰弱，枝短而细，开花多，着果少。这类枝组生长量小，多着生在树冠内膛、下部。因光照不足，加上外围强旺枝组的影响逐渐衰弱。常见的扫帚枝组、披垂枝组多属于这种

中等枝组

类型。扫帚枝组在修剪时要疏删解散，短截回缩，及时更新。披垂枝组生长势弱，随枝叶重量增加或结果而下垂，在其弯曲转折处的隐芽因顶端优势得以发挥可以萌发骑马枝，在此处短截可迅速形成强壮枝组。

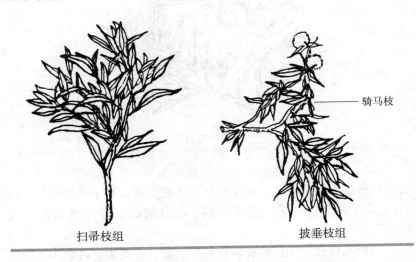

骑马枝

扫帚枝组　　　　　　　　　　　　　　披垂枝组

　　在同龄枝组中，开花、抽梢和坐果能力强弱是：强壮枝组＞中等枝组＞衰弱枝组。但是随着花量的减少，尤其是小年时，衰弱枝

温州蜜柑的夏梢生长量大，易形成钓鱼杆状的水平或下
垂枝。图为演变而成的衰弱枝组

组的开花、坐果的比重便有明显的提高。总之，不同树龄、树势的
不同类型枝组，其结果能力不一。在修剪时，要掌握各类枝组的特
点进行合理修剪。

1.4.3 枝梢的顶端优势

顶端优势是指顶部分生组织对下部的腋芽或顶部枝条对侧枝生
长的抑制现象，表现为上部的枝、芽生长强度最大，直立性强，而
其下枝、芽的生长强度依次减弱，枝条开张角度逐渐增大，基部的
芽呈潜伏状态。通过适当的摘心或短截修剪来解除顶芽对侧芽的抑
制，促使侧芽萌发分枝和控制生长与结果。

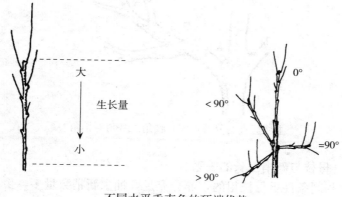

不同水平垂直角的顶端优势

1.4.4 分枝角度与新梢生长的关系

新抽生的分枝与基枝中心线的夹角称分枝角。主枝的分枝角愈小，主枝生长直立，生长势旺，负载重时易撕裂；分枝角大，主枝生长不良，随着分枝角增大，生长势减弱。姿态呈水平或下垂者，枝的生长受到抑制，负荷力也不强，必须有适宜的分枝角度。整形中可利用改变分枝角平衡各主枝长势。

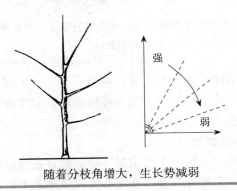

随着分枝角增大，生长势减弱

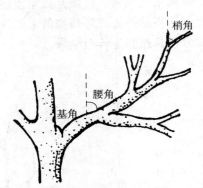

主枝适宜的分枝角度是腰角＞基角＞梢角

1.4.5 母枝与新梢生长的关系

在相同条件下母枝粗的，养分充足，抽生新梢数量多，生长势强；母枝细的，抽生新梢数量少，生长势弱。在母枝粗细相当，短截部位不一，其抽生的枝条生长势也不一。

母枝粗新梢生长势强　　　　　　　　母枝细新梢生长势弱

母枝留得太长，每个芽所得到的养分供应相对减少，抽生新梢生长弱而短。反之，留短的枝条由于芽数减少，新梢的生长势较强。促进生长适当重剪，促进结果应适当轻剪或长放不剪。

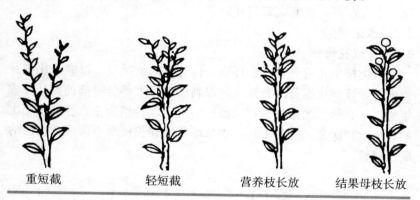

重短截　　　　　轻短截　　　　营养枝长放　　结果母枝长放

2　柑橘的结果特性

2.1　花芽分化

从叶芽转变为花芽称花芽分化，花芽分化分为生理分化期和形态分化期，生理分化在形态分化期前约 20～30 天左右进行。一般认为花芽分化的机制是在外界条件和内部因素作用下，产生一种或几种物质（成花激素），启动细胞中的成花基因，引起酶的活性和激素的改变，营养物质向芽积累，导致花芽的形态分化。

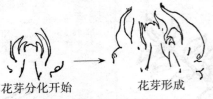

花芽分化开始　　　　　花芽形成

温州蜜柑花芽纵剖面图

　　柑橘在条件适合的情况下，一年四季均能进行花芽分化。但一般情况下，柑橘花芽分化期为 9 月至翌年 3 月。柑橘花芽分化时期，因种类、品种、栽培地区的气候条件而异。秋冬干旱、适当低温的地区或年份能促进花芽分化。一年多次开花的柠檬、金柑等花芽分化的条件则要求不严格，花芽分化过程也较快，各季节枝条抽生 1 个月左右，就能完成花芽分化。

2.2　成花规律

2.2.1　成花母枝

　　各类枝梢在营养充足、环境条件适宜的情况下，都能分化花芽为成花母枝。根据各地观察：气温高的地区大部分柑橘种类品种成年树以春、秋二次梢为主；气温低的地区以春梢为主，春、秋二次梢和早秋梢次之。受光不足、生长纤弱或徒长枝都不会成为优良的成花母枝。

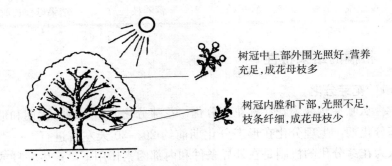

树冠中上部外围光照好，营养充足，成花母枝多

树冠内膛和下部，光照不足，枝条纤细，成花母枝少

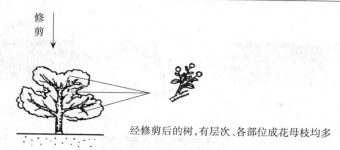

经修剪后的树,有层次、各部位成花母枝均多

2.2.2　开花部位的移动

　　柑橘花芽多着生在一年生枝顶端数节,随二、三次梢抽生,着生花芽的部位上移,如需要结果,一般不要短截。在结果母枝多时可适量短截减少花量,让其抽生预备枝。

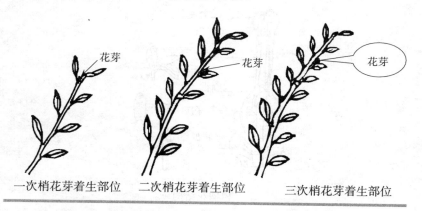

一次梢花芽着生部位　　二次梢花芽着生部位　　三次梢花芽着生部位

2.2.3　花量大小的决定因素

　　柑橘花量的多少和树势强弱,在很大程度上左右着修剪方法。但是柑橘无法像落叶果树那样可以从芽的外观判断花芽或叶芽,因而柑橘花量大小只能根据生长发育规律和外界环境条件加以综合判断。

2.3　花和果实

　　柑橘开花期依不同种类、品种及栽培地区的气候而异,以长沙地区为例,大部分品种在4月中下旬至5月上旬开花。柑橘从开花

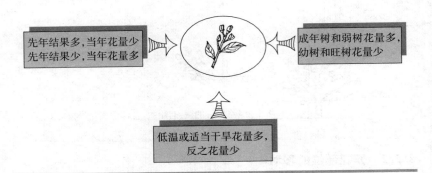

先年结果多,当年花量少
先年结果少,当年花量多

成年树和弱树花量多,
幼树和旺树花量少

低温或适当干旱花量多,
反之花量少

至谢花约需 7~10 天。

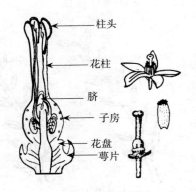

柱头

花柱

脐

子房

花盘

萼片

柑橘花结构

　　柑橘为自花授粉果树,多数品种需经过授粉、受精才能结果。温州蜜柑、南丰蜜橘、脐橙及一些无核橙、柚等,不经受精果实也能发育成熟,这种现象称为单性结实。幼果在发育过程中,经历两次明显的落果高峰,第一次在谢花后 1~2 周,第二次在谢花后 1 个月左右,又称为六月落果。从子房膨大到果实成熟,约需经过 150~220 天左右,少数品种长达 360~390 天以上。

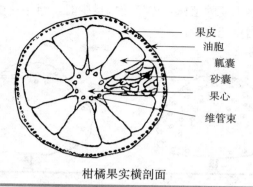

果皮
油胞
瓤囊
砂囊
果心
维管束

柑橘果实横剖面

2.4 影响坐果率的因素

柑橘花量大但坐果率较低，多数在 1%～3% 左右，坐果率高低除花期气候外，还决定于以下因素：

①成花母枝粗壮，坐果率高。

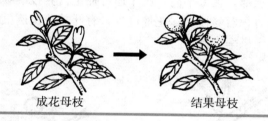

成花母枝　　　　　　　　结果母枝

②强树弱枝开花，弱枝稳果，坐果率高（但过旺树不易开花坐果）；弱树开花量大，强枝稳果，坐果率低；生长势中等的树，中庸枝易开花、稳果。

弱树开花量大，强枝稳果　　　　强树弱枝开花，弱枝稳果

③进入盛果期的植株，先年结果量少时，当年花量多；先年结果量多时，当年花量少。

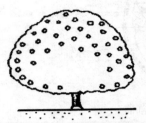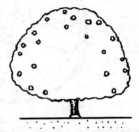

大年树因先年结果量少，当年全树开花，强枝稳果，坐果率较低。但因花量大，产量高

小年树因先年结果多，当年花量少，相对较强的成花母枝稳果，坐果率较高，果较大，但产量低

④由于营养条件的差异，坐果率不同，有叶果枝一般多发生在强壮的母枝顶部，坐果率高，次年还可抽生营养枝继续结果。但幼树生长过强时，营养枝多，花量过少，有叶单花比例虽大，但营养生长过旺，坐果率也低。

有叶果枝因枝叶齐全，生长充实，比无叶果枝坐果率高，着生的果实较大

无叶果枝多发生在较瘦弱的母枝上，坐果率低

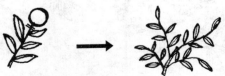

强壮的有叶果枝次年可抽生营养枝

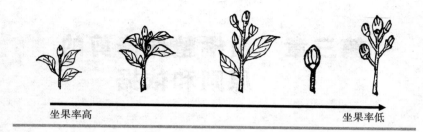

坐果率高　　　　　　　　　　　　　　　　　　　　坐果率低

第三章 柑橘整形修剪的原则和依据

1 柑橘整形修剪的原则

1.1 以轻为主，轻重结合

　　柑橘是常绿果树，在修剪量和程度上总的要求以轻剪为主。叶片是柑橘进行光合作用、制造和贮藏有机养分的重要器官。叶片的数量、质量和寿命对树体的生长和产量、品质影响很大。如叶片损失在30％以上，对产量会有显著影响。因此，每年修剪的枝叶量应控制在20％以下。要因地因树制宜，运用"以轻剪为主，轻重结合"的原则进行修剪。

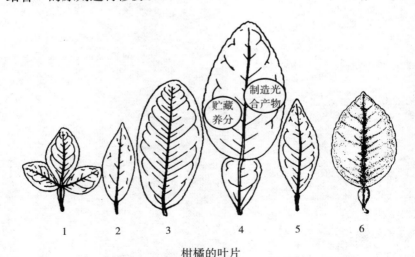

制造光合产物

贮藏养分

　　1　　　2　　　3　　　4　　　5　　　6

柑橘的叶片
1.枳 2.金柑 3.枸橼 4.柚 5.宽皮柑橘 6.甜橙

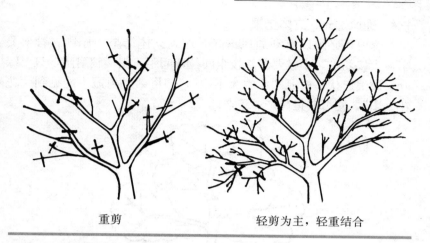

重剪   轻剪为主,轻重结合

1.2 平衡树势,协调关系

通过修剪调节地上部分与地下部分,树冠上下、内外,骨干枝之间生长势相对平衡,强者缓和,弱者复壮,只有树势均衡,生长中庸,才能达到丰产、稳产。

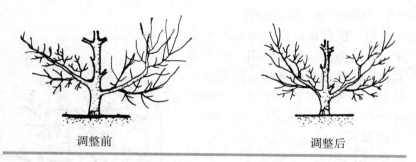

调整前   调整后

1.3 主从分明,结构合理

各类枝的组成要主从分明,中心干的生长比各主枝强,主枝比侧枝强,而主枝间要求下强上弱,下大上小,保证下部的主枝逐级强于上部主枝,侧枝又要强于辅养枝。一个枝组内的枝梢之间也有主从关系,为高产、稳产、延长丰产年限提供基础。

1.4 通风透光，立体结果

　　修剪还必须以有利通风透光、达到立体结果为原则。骨架要牢，大枝要少，小枝要多，枝组间拉开间距。柑橘较耐阴，只要绿叶层波浪起伏，树冠"小空大不空"，即俗话说树冠下能见到"花花太阳"，便可获得高产、稳产。

通风透光、立体结果

1.5 因势利导，灵活运用

　　修剪虽有比较统一的要求和基本一致的剪法，但具体到一个果园其树形、枝梢各式各样，同时基于砧木、品种、树龄、土质、管理条件等不同，实际修剪时灵活性很大，应根据具体情况灵活运用。例如，幼年树不能过于强调整形，要适当多留密生小枝（辅养枝），以用于养根、养干、养树提早结果，以后再逐年回缩。

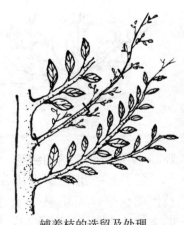

辅养枝的选留及处理

　　又如山地与平地，土层肥力差异很大，同一柑橘品种，应按不同的要求整形。一般山地树冠小，留干矮；平地树冠大，留干高；庭院种植留干更高。

山地　　　　　　　平地　　　　　　　有间作或庭院
不同园地留干

1.6 配合其他措施，提高经济效益

修剪的调节作用有一定的局限性，它本身不能提供养分和水分，因而不能代替土、肥、水等栽培管理措施，修剪必须与其他措施紧密配合，在良好的土、肥、水管理和病虫防治的基础上合理运用，才能达到预期效果，提高经济效益。

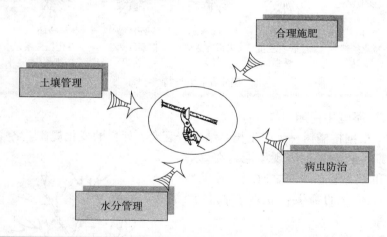

此外，任何一项栽培措施都必须考虑经济效益，如整形修剪所投入人力、物力的成本大于其获得收益，则没有必要进行修剪。因此，柑橘修剪必须以提高果园经济效益为原则。通过修剪，最大限度地提高柑橘产量和品质。

2 柑橘整形修剪的依据

除遵循一定的修剪原则外，还必须以下列基本因素为依据，才能发挥修剪应有的作用。

2.1 品种及砧木特性

柑橘品种、砧木不同，其生物学特性各有差异，在树势强弱、骨干枝的分枝角度、结果枝类型、花芽形成难易和坐果率高低等方面不尽相同。因此，修剪也各有侧重，要看不同品种、不同砧木的特性及其表现，采取相应的整形修剪技术。

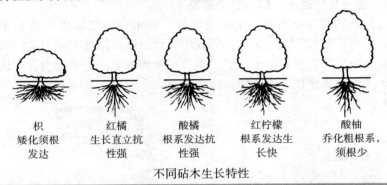

枳	红橘	酸橘	红柠檬	酸柚
矮化须根发达	生长直立抗性强	根系发达抗性强	根系发达生长快	乔化粗根系，须根少

不同砧木生长特性

2.2 不同生育期

根据柑橘树一生中生长、结果、衰老、死亡的变化规律，各个时期生长结果的表现不同，在修剪方法和程度上必须随之改变。才能符合生长发育的需要，获取较高的经济效益。

2.2.1 幼树期

幼树期是指从苗木定植到第一次开花结果前，主要特征是树体离心生长，树冠、根系生长迅速，长势强，枝梢生长直立。此期以整形为主，修

幼树期

剪宜轻，争取早结果。

2.2.2 结果初期

结果初期是指从开始结果到大量结果前，是树体从营养生长占优势逐步转向营养生长和生殖生长趋于平衡的过渡阶段，表现为生长较旺，枝梢抽生次数多，生长势逐渐缓和，外围和内膛均能结果。除继续形成骨干枝外，注重枝组的培养，控旺促花，保花保果，实现早期丰产。

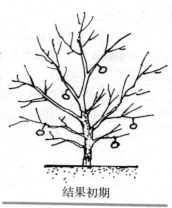

结果初期

2.2.3 结果盛期

结果盛期是指从大量结果到产量明显下降前的这段时期。此期的主要特征是以结果为主，树冠和根系扩大到最大限度，结果母枝大量增加，产量达到高峰。要通过修剪维持营养生长与生殖生长的平衡关系，防止大小年发生；同时应注重枝组内的更新复壮；改善内膛通风透光条件，防止结果部位外移，尽可能延长盛果期。

结果盛期

2.2.4 结果后期

结果后期是指从产量开始下降至进入衰老时期，此时期的特征是骨干枝先端开始干枯，小侧枝大量死亡，生长势越来越弱，结果量减少，易落花落果，大小年更明显。应适当重剪回缩，利用更新枝复壮，配合改土断根，增施肥水更新根系。同时，要疏花疏果，延缓衰老。

结果后期

2.2.5 衰老期

衰老期是指从产量明显下降到几乎无经济效益以至死亡。更新复壮的可能性很小，已无经济利用价值。

2.3 树势

2.3.1 强旺树、中庸树和衰弱树

从树势可分为强旺树、中庸树和衰弱树。

（1）强旺树 新梢多而长，营养枝多，结果枝少。

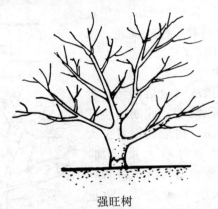

强旺树

（2）中庸树 新梢分布均匀，充实健壮，徒长直立枝少，营养枝和结果枝比例正常。

中庸树

（3）衰弱树　新梢细弱短小，内膛枝大量枯死，骨干枝基部直立徒长枝多，花量过多或过少。

衰弱树

2.3.2　大年树、小年树和稳产树

从产量分为大年树、小年树、稳产树。

（1）大年树　当年抽生的花枝数量很多，抽生营养枝少、生长量小，生长偏弱或中庸。

（2）小年树　当年抽生的花枝少，营养枝数量很多，生长量大，生长偏旺。

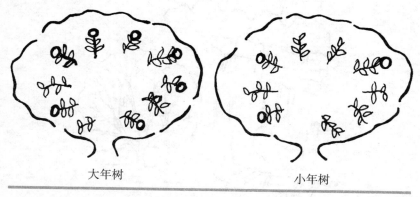

大年树　　　　　　　　　　　　　　小年树

（3）稳产树　枝梢生长健壮，分布均匀，树势中庸，营养枝与结果枝比例适宜。

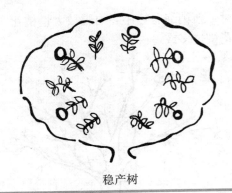

稳产树

2.4 自然条件

不同的自然条件，对柑橘树的生长和结果有很大影响，必须因地制宜采取适当的整形和修剪方法，才能达到预期效果。

在土壤瘠薄的山地和丘陵地上种植的柑橘，因条件差生长发育较弱，生长势不强，宜采用小冠树形，修剪量偏重一些，宜多短截，少疏删。

土壤瘠薄的山地橘园

在土壤肥沃、地势比较平坦的地段上种植橘树，生长发育较强，枝多，冠大，主枝数宜少，层间距宜大，修剪量要轻；疏枝量相对较多，短截宜轻。所谓"看天、看地、看树"，就是根据自然条件和树势强弱的不同，确定适宜的修剪方法和程度。

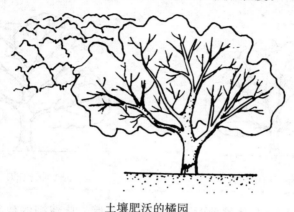

土壤肥沃的橘园

2.5　栽培管理水平

栽培管理水平和栽植形式，也与整形修剪密切相关。管理水平对橘树生长影响很大，管理水平高，植株生长旺盛，枝量多、树冠大，定干宜高。多疏删、少短截，以果压树控制长势；相反土壤瘠薄，肥水不足时，应尽量少疏枝，衰老枝适当短截更新复壮。

管理精细的橘园

管理粗放的橘园

栽植形式和密度不同，整形修剪也要相应地改变。密植树的树冠比稀植树的树冠要矮小，必须采用矮干，增加分枝级数和枝梢量，要及早控制树冠的生长；而稀植橘园为了培养高大树体，要充分利用夏梢培养强大的骨干枝，加大枝距，以形成高大树冠。

适合密植的树形

适合稀植的树形

此外，在具体修剪时还应在实地观察，从新梢的数量、粗度、长度看树势强弱；从营养枝与结果枝的比例看树体生长与结果的平衡；从大枝和结果枝组的分布看树体的结构，综合判断后才能有针对性地提出实施方案。

第四章　柑橘整形修剪的时期与基本方法

柑橘为常绿果树，无明显休眠期，在生产上把采果后至翌年春季萌芽前称为相对休眠期，其他为生长期。修剪可分为休眠期修剪和生长期修剪。

1　休眠期修剪

1.1　休眠期修剪时期

相对休眠期地上部分生长基本停止，生理活动减弱，是修剪的主要时期。如树体结构调整，大枝回缩更新，大小年平衡，密植郁闭橘园的改造，大树移栽等，因伤口大，养分损失多，都只能在休眠期进行。此时修剪有较长的恢复期，利于建立起地上与地下的生理平衡。有冻害的地区须在严寒后，气温回升时进行。

1.2　休眠期修剪基本方法

1.2.1　短截及其应用

将枝梢的先端部分剪去叫短截。剪去枝梢先端的 1/4～1/3 为轻短截，剪去 1/2 为中短截，剪去 2/3 为重短截。

短截的作用是促发多而健壮的新梢，降低分枝部位，控制树冠过快增长，增加分枝级数。

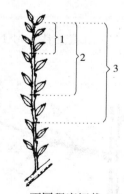

不同程度短截
1.轻短截　2.中短截　3.重短截

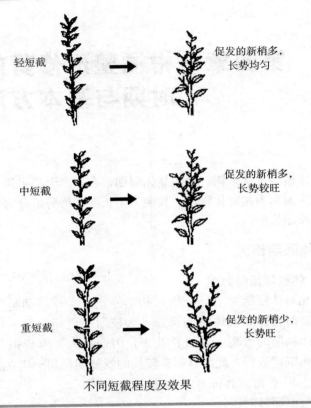

不同短截程度及效果

（1）短截主枝、副主枝延长枝

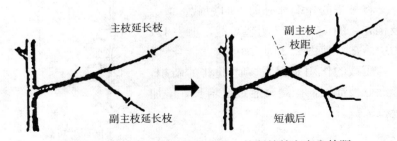

短截主枝、副主枝，增加分枝级数，控制抽枝方向和枝距

（2）短截直立旺枝

幼树短截直立旺枝，促进分枝　　　结果树短截内膛直立旺枝
　　　　　　　　　　　　　　　　促分枝，充实内膛

短截直立旺枝

（3）短截二、三次梢结果母枝，减少花量

短截先端部分能减少花量，提高着果率

（4）短截二、三次梢，降低分枝部位

短截二次梢方法及效果

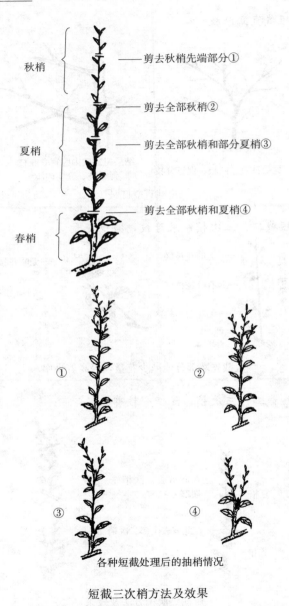

秋梢 ——— 剪去秋梢先端部分①

剪去全部秋梢②

夏梢 ——— 剪去全部秋梢和部分夏梢③

剪去全部秋梢和夏梢④

春梢

① ②

③ ④

各种短截处理后的抽梢情况

短截三次梢方法及效果

1.2.2　疏剪及其应用

疏剪是从基部分枝处将枝梢全部剪除，不留基桩的修剪方法。疏剪作用主要是减少营养消耗，调整树体结构，平衡营养生长与生殖生长，改善光照条件。

（1）疏剪密生枝、细弱枝、枯枝、病虫枝等，增强通风透光

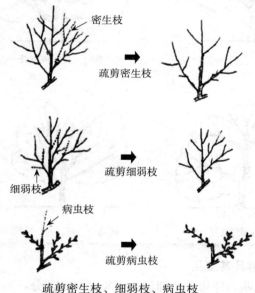

疏剪密生枝、细弱枝、病虫枝

（2）疏剪徒长枝，平衡树势，维持树体结构

疏剪徒长枝

（3）疏剪大枝，调整树冠结构，改善通风透光条件

逐年疏剪骨干枝上辅养枝

疏除临时大枝，调整骨干枝

疏剪顶部大枝开天窗

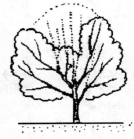

修剪前的大冠及
疏剪的大枝

疏除中心枝，开心透光

1.2.3 缩剪及其应用

缩剪又叫回缩修剪，即剪去多年生枝一部分，主要用于老枝的更新复壮。

（1）回缩换头，改变生长方向，调整生长势

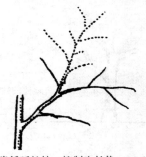

降低延长枝，抑制生长势　　抬高延长枝，增强生长势

回缩的多年生枝

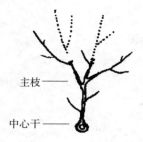

主枝 ——

中心干 ——

- - - - - - -
回缩的多年生枝

回缩大枝，改变生长方向平面图

（2）回缩更新衰退结果枝组

枝组回缩更新
1. 先端衰老，从此剪除　2. 全枝组衰老，从此剪除

（3）回缩大枝，控制树冠，延长经济结果年限

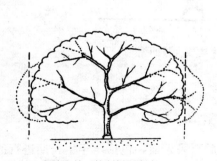

回缩主枝，控制树冠宽度

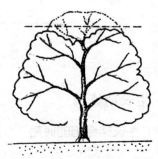

回缩树冠上部大枝，控制树冠高度

回缩树冠顶部强枝，控上促下保持
三角形树冠

回缩大枝方法

（4）回缩衰老大枝或大树移栽，更新树冠

移栽大树或大枝回缩

2 生长期修剪

2.1 生长期修剪的时期

生长期修剪是从春梢萌动后至采果前，包括全年生长期进行的所有修剪工作，又称为夏季修剪。这段时期树体生长旺盛，生长量大，生理活跃，对修剪反应敏感，一般修剪宜轻。主要修剪工作是抹梢、疏梢、摘心、疏花、疏果、环割、环剥、弯枝、拉枝等。

2.2 生长期修剪的基本方法

2.2.1 摘心、剪梢

枝梢未停止生长前，将先端摘除叫摘心，剪梢是指剪去幼嫩梢的一部分。其作用是避免养分的无效消耗，缩短枝梢生长期，促进分枝。对将要停长的新梢摘心，可促进枝芽充实。

摘去嫩梢先端部分　　　　　　　　　　嫩梢留 2~3 叶摘心

摘心方法

2.2.2 疏芽、疏梢、疏枝

从萌芽至未展叶前将芽抹除叫疏芽，到展叶后疏除叫疏梢，枝梢停长后疏除叫疏枝。从节约树体养分和节约用工出发，疏芽优于疏梢，疏梢优于疏枝。因此，生产上不需要的萌芽，如丛生、密生芽，主干主枝上的潜伏芽等应尽早抹除。

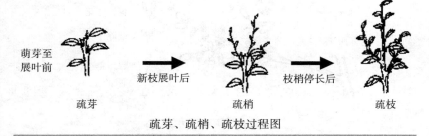

萌芽至
展叶前　　　　　　新枝展叶后　　　　　　枝梢停长后

疏芽　　　　　　　　疏梢　　　　　　　　疏枝

疏芽、疏梢、疏枝过程图

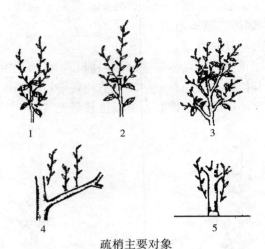

疏梢主要对象
1. 疏细弱枝　2. 疏强枝　3. 疏丛生枝
4. 疏徒长朝天枝　5. 疏除主干萌发枝梢

2.2.3　疏花疏果

（1）疏花　在柑橘开花以前，将多余的花蕾、花、花枝，人工摘除或剪除叫疏花。大花形品种如柚，以疏蕾、疏花、疏花序为主，先疏畸形花、病虫花、小花，后疏多余的正常花；而中小形花品种，如橙、柑、橘，以疏花序、花枝为主，先疏衰退花枝，后疏多余的正常花枝。

保留序花
疏除序花
保留单花
疏除单花

疏花、疏花序方法

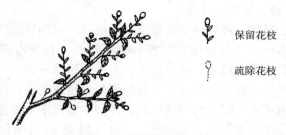

保留花枝

疏除花枝

疏花枝方法

（2）疏果　在第一次生理落果结束后（5月下旬），将病虫果、畸形果、小果疏除；第二次生理落果后，将多余的果疏除，按该品种正常的叶果比留果。疏果主要用于中大果型，如橙、柚类品种，以提高外观品质。

疏除虫果、病果、畸形果、小果

疏除果

疏除顶部大果

疏除无叶退化花枝果

疏果方法

2.2.4 环割、环剥、环扎

环割、环剥、环扎主要是程度不同而言。但都只能刻伤韧皮部不能伤及木质部。其程度依品种和季节不同，宽皮柑橘和金柑宜轻，柚类和橙类可稍重；秋季宜轻，春季可稍重。

（1）环割 将二年生以上生长势强的大枝或侧枝，在基部平滑处，用利刀环割一圈或数圈称环割。环割主要用于生长过旺、适龄不开花的幼年结果树的促花保果。9月下旬至10月下旬环割促进花芽分化；谢花后环割保果效果较好。一般割直立旺长枝一圈，特旺枝可割2～3圈或环剥。

环割方法

1. 环割主干 2. 环割直立主枝 3. 环割直立侧枝

（2）环剥 将适龄不开花或开花不易坐果的旺长树主干或主枝环割两圈，间距3～5毫米，剥去皮层称环剥。这种方法主要用于生长势旺，更新能力强的柚类、橙类品种。分半环剥、全环剥和螺旋环剥。

| 半环剥 | 全环剥 | 螺旋环剥 |

环剥的方法

（3）环扎 将生长旺的主枝或大侧枝用16#或14#铁丝环扎一道或二道叫环扎。松紧以皮层外表湿润为准，20～30天解除。

这种方法强度容易掌握，在中亚热带产区，对生长势不旺的品种，使用环扎比较安全。树势旺扎紧点，或多扎一道，或时间扎久点；反之则轻，时间则短。

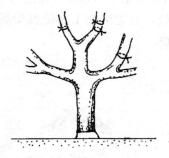

环扎方法

2.2.5　剪果换梢，剪枝换梢

　　幼年结果树常因结果过多而不能放出秋梢，影响来年产量。在放秋梢前，剪除树冠顶部大果或顶部直立1～2年生枝，留基桩放秋梢。

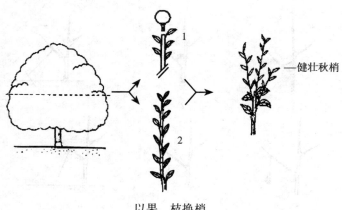

以果、枝换梢
1. 以果换梢　2. 以枝换梢

2.2.6 拿枝、曲枝、扭枝

将生长直立的新梢，尤其是徒长枝、竞争枝，在新梢中下部已完全木质化，但顶部还处在半木质化时，用手将新梢自基部向中上部逐渐下压，使之斜生或水平叫拿枝；使之弯下为曲枝；两手捏紧旋转 $90°\sim180°$ 为扭枝，上述措施主要是改变新枝生长角度，抑制长势，促进花芽分化。

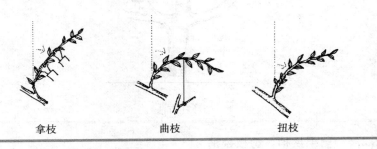

| 拿枝 | 曲枝 | 扭枝 |

2.2.7 拉枝、吊枝、撑枝

将 $1\sim2$ 年生枝生长角度及方位进行调整，增大、减少或水平移动时需要对枝条进行拉、吊、撑。常用于幼树整形，以培养合理的树冠骨干枝，平衡各主枝长势。

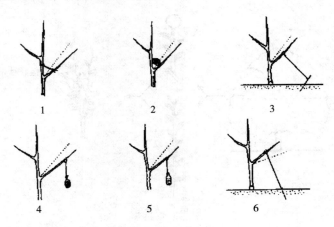

7

吊枝、撑枝方法

1. 用树枝、竹片撑开　2. 用砖、石块卡开　3. 用绳、线吊开
4. 用塑料袋载土吊枝　5. 用瓶装水吊枝　6. 用树枝、竹竿撑
起分枝角度大的主枝　7. 用绳、线吊起分枝角大的主枝

2.2.8　断根

9～10 月在树冠滴水线下开环状沟，沟宽 30～40 厘米、深 40～60 厘米，切断 2 厘米以下的侧根，并晾晒 30～60 天，以叶片出现微卷为度。这种方法常用于肥水条件好、长势旺的平地橘园，对全树促花效果显著，且树势易于恢复。

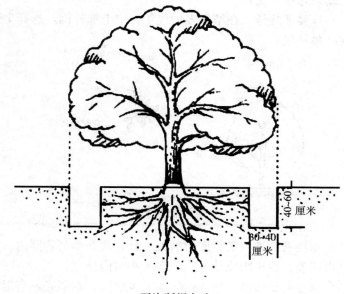

40~60
厘米

30~40
厘米

开沟断根方法

2.2.9 幼果嫁接

幼果嫁接是近年来沙田柚产区应用的一种新技术。第二次生理落果后，幼果约鸭蛋大时，将结果多的树上幼果带结果枝剪下，摘去叶片，用切接或腹接方法，嫁接到结果不多的健壮幼年树一年生枝上。对调节柚类幼年树结果量，有一定的应用价值。

嫁接幼果
外套薄膜袋保湿

柚果嫁接

柚幼果嫁接方法：

（1）**嫁接果选择**　在结果多的成年树中上部外围，选择生长正常的有叶单枝果。

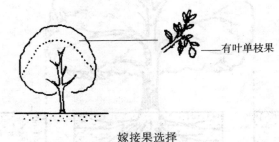

有叶单枝果

嫁接果选择

（2）**嫁接果保存**　采后即时剪去叶片，放在塑料容器内，用双层湿毛巾覆盖，放于阴凉处备用，在4小时内接完。

（3）**嫁接部位选择**　选择幼年结果少的树，在阳光不直射的部位，选1～2年生枝，粗度1～2厘米。

嫁接果保存

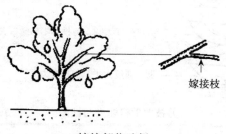

嫁接部位选择

（4）嫁接方法　用腹接或切接均可，腹接接在砧枝的两侧，切接接在砧枝的上方。接后用农膜带扎紧，再套透明保鲜袋至采果。

腹接　　　　　　　　切接

嫁接方法

3　修剪工具与使用方法

柑橘修剪应购买专用的修剪工具，正确掌握使用方法，才能提高劳动效率。

3.1　剪枝剪与使用

3.1.1　剪枝剪的选择

　　柑橘修剪有的用刀砍、削，这是不正确的，必须要购买专用的果树剪枝剪。果树剪枝剪种类繁多，好的剪枝剪要剪口弧度适当，剪枝省力容易剪断。

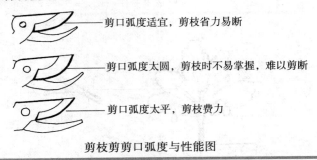

剪口弧度适宜，剪枝省力易断

剪口弧度太圆，剪枝时不易掌握，难以剪断

剪口弧度太平，剪枝费力

剪枝剪剪口弧度与性能图

3.1.2　剪枝剪的正确使用

　　正确使用剪枝剪省力，工效也高。

　　（1）剪枝时，要在一条直线上上下旋动，不能左右摆动。

可上下转动　　　　　　　不能左右摆动

正确使用剪枝剪（一）

　　（2）剪枝时，要右手拿剪用力剪，左手向下压枝，这样向外向下推压，枝条很容易剪断。

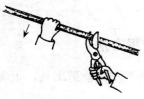

正确使用剪枝剪（二）

3.2　手锯的选择与使用

3.2.1　手锯的选择

　　修剪柑橘大枝要用锯，有单刃手锯和双刃手锯。单刃手锯锯出来的锯口粗糙不平，锯大枝时容易夹住；而双刃手锯锯出来的锯口平整，锯枝时省力，所以要选用高碳钢双刃手锯。

横剖面　　　　纵剖面

双刃手锯

3.2.2　手锯的正确使用

　　（1）锯直立大枝时，先锯倒向一边的 1/3，再锯另一边，略高于第一锯。

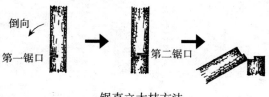

锯直立大枝方法

　　（2）锯斜生或水平大枝时，先锯下部 1/3，再在略高的地方锯断上部，这样可防止撕裂下部树皮。

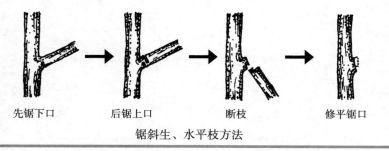

先锯下口　　　　后锯上口　　　　断枝　　　　修平锯口

锯斜生、水平枝方法

（3）从上锯断大枝，由于树枝重力会造成下部撕裂，而一次性从下往上锯，易夹住锯片难以锯断。

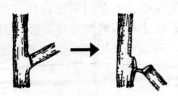

从上锯断枝撕裂树皮

第五章　柑橘整形

　　因地因品种制宜培养合理的树形，是柑橘早结高产、优质高效的前提。

1　柑橘的主要树形

　　柑橘的种类品种多，产区气候差异大，总结各地实践经验，采用嫁接繁殖的柑橘，常用的树形有以下 3 种。

1.1　自然圆头形

　　自然圆头形是最常见的一种树形。主干高 25～35 厘米，主枝 3～5 个，分 2～3 年培养形成。一层主枝 3 个，方位角 120°左右，主枝分枝角 40°～50°左右，上层主枝与一层主枝错开，不重叠。每个主枝配副主枝 2～3 个，分生在主枝两侧，分生角 60°～70°，每

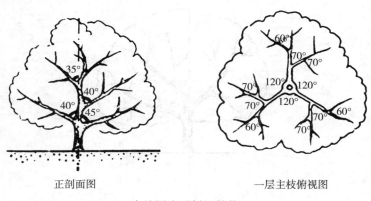

正剖面图　　　　　　　　一层主枝俯视图

自然圆头形树冠结构

个副主枝上，配置 2～3 个侧枝和多个结果枝组。每个侧枝按 20～25 厘米距离蓄留结果枝组。这种树形适应柑橘自然结果习性，容易成形，培育要求不高，修剪量少，投产快，结果早，适用于多数柑橘品种。不足之处是进入盛果期后，由于枝叶密度大，内膛光照不良，易形成大小年结果，树势易衰退。

1.2　自然开心形

自然开心形主干高 20～30 厘米，枝条披垂的品种如温州蜜柑，主干高 30～40 厘米。主枝 3 个，方位角 120°，主枝分生角 30°～45°，主枝向外斜生，中心开口，每个主枝上配副主枝 3～4 个，分生在主枝两侧，分生角 60°～70°。每个副主枝上配侧枝 2～3 个，间距 25～35 厘米。在主枝、副主枝、侧枝上按 20～30 厘米均匀配置结果枝组。这种树形修剪量少，成形快，结果早，易丰产，特别适合温州蜜柑等喜光的品种。由于枝梢呈丛性生长，短截、抹芽放梢后，易出现平头，种植密度大的会过早封行，树冠郁闭。树冠外围要造成凹凸面，使阳光通透到树冠内层和下部，使树冠内外、上下均能结果。

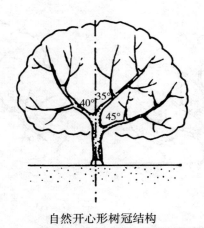

自然开心形树冠结构

温州蜜柑主干、主枝

1.3　变则主干形

变则主干形又叫塔形或圆筒形。主干高 30～40 厘米，主枝5～6 个，一般分 2～3 层，一层主枝 3 个，方位角约 120°，分生角 40°～50°。二层主枝 2 个，方位与一层主枝错开，分生角35°～45°。

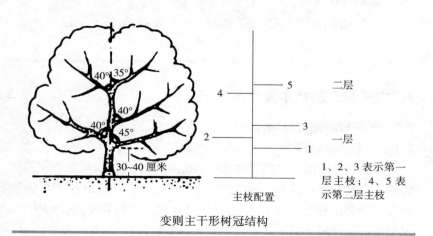

变则主干形树冠结构

树势旺的品种可留第三层，主枝 1 个。下层每个主枝上配副主枝 3～4 个，间距 30～40 厘米。上层每个主枝上配副主枝 2～3 个，间距 25～30 厘米，每个副主枝上配侧枝 2～3 个，间距 20～30 厘米。在副主枝、侧枝上，按一定距离（约 20～25 厘米）配置多个结果枝组，使上下、内外结果。这种树形适应树势较强的柚类和甜橙品种，具有明显的中心干，树冠高大，主枝分布均匀，配置合理，通风透光良好，产量高。但这种树形主枝多，若配置不合理，会造成内膛郁闭。

沙田柚中心干及主枝

2 柑橘整形的技术要点与方法

2.1 骨干枝的配置与培养

2.1.1 主干的培养

以上三种树形均采用单主干，在苗圃将多的分枝疏除，保留粗壮的 1 个直立枝，培养成树冠主干。一般干高 20～30 厘米，树冠高大的种类品种主干可留 40～60 厘米，树下进行常年间作的柚类，主干可留 100 厘米以上。

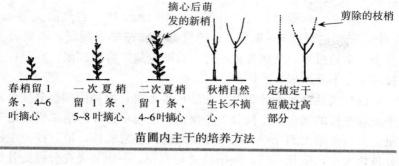

苗圃内主干的培养方法

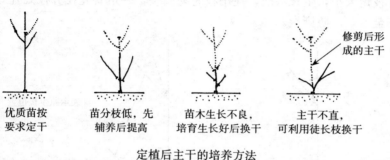

定植后主干的培养方法

2.1.2 中心干的培养

主干经短截后，剪口下发的第一个直立新梢选留为中心干，其余新梢拉开分枝角培养为主枝。第二、第三年如此逐年培养，以至完成树冠中心干的培育。

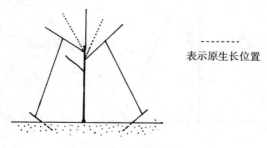

中心干培养

2.1.3 主枝的培养

（1）主枝数量的确定　自然开心形一般3个，自然圆头形4～5个，变则主干形5～6个。各种树形主枝按要求配置，不要过多过少。主枝过多，从属关系不好，枝叶密集，容易郁闭、空腔；主枝过少，不易形成高产树形。

（2）主枝分生角的调整　在幼树整形时，要利用调整分枝角来平衡各主枝的强弱。主枝分生角保持40°～50°为好。结果后，由于重力分枝角增大到50°～60°，分枝角的调整采取拉、吊、撑。主枝分枝角太小，生长势旺，在吊枝时易撕裂，一定要先在分枝处扎好安全带，以防撕裂。

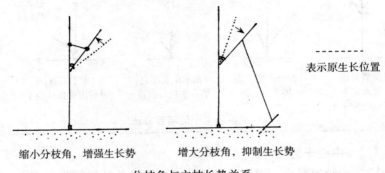

缩小分枝角，增强生长势　　　　增大分枝角，抑制生长势

分枝角与主枝长势关系

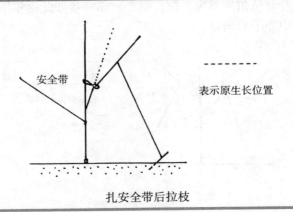

扎安全带后拉枝

（3）**主枝方位角的调整**　同层各相邻主枝间的水平夹角叫方位角。每层 3 个主枝，若均匀分布，主枝间的方位角应为 120°左右。第二层主枝与一层主枝错开不重叠。若方位角差别太大，可水平方向拉枝调整。

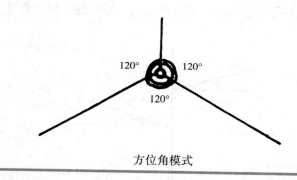

方位角模式

（4）**主枝间距**　各主枝在中心干上的着生距离叫主枝间距。同一层主枝间距 20～30 厘米，两层间上下主枝间距叫层距，一般 40～60 厘米。矮干自然开心形，三主枝集中在一个分枝点上同时生长，可以早结丰产，但易早衰。

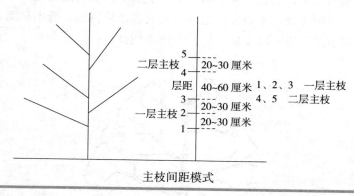

主枝间距模式

2.1.4　副主枝的培养

（1）**副主枝的数量与间距**　每个主枝上配置副主枝 2～4 个，副主枝在主枝上的间距 40～50 厘米。每个主枝上第一副主枝离中心干的距离 40～60 厘米。

（2）**副主枝的分枝角与水平角**　副主枝与主枝中心线的夹角称副主枝分生角，副主枝与水平面的夹角称水平角。一般副主枝分生角以 60°～70°为好，水平角以 10°～25°为宜。副主枝分枝角过小，靠近主枝，不便配置侧枝。水平角过大，抽枝旺，层次紊乱，也不便配置侧枝。

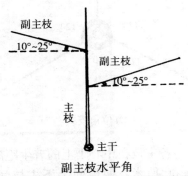

副主枝水平角

（3）**副主枝生长势的调整**　主枝上的副主枝的生长势应是第一个大于第二个，第二个大于第三个，下层主枝上的副主枝大于上层主枝上的副主枝，才能保持上小下大的圆锥形树冠。若不平衡，应采取调整水平角，改变延长生长方向来调整。

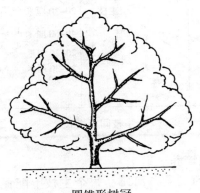

圆锥形树冠

2.2　侧枝的培养

　　幼树在培养主枝、副主枝的同时，在各级枝上按一定距离蓄留培养尽可能多的侧枝（辅养枝），以增加总叶面积，促进树体生长，提早结果。随着树冠的扩大，逐渐疏剪中下内膛衰弱侧枝，以改善光照。

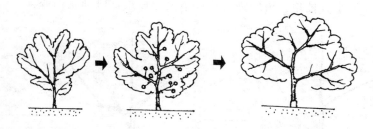

幼树内膛侧枝结果后逐步疏除

2.3　整形技术的灵活应用

2.3.1　徒长枝的利用

　　自然圆头形、变则主干形的中心干、主枝需 3～5 年才能培养形成。若苗木质量不高，幼树管理不善时，培养主干、主枝较难，要充分利用徒长枝换干、换枝，不要一律剪除，这样可加速树冠的形成。

脐橙潜伏芽抽发的中心干

2.3.2 竞争枝的利用

管理好的柑橘树，定植后第二年开始就可利用竞争枝（秋梢）第三年挂果，以果压冠，增加早期产量，不要一律短截和疏除。

2.3.3 分枝角的换头调整

分枝角调整，除拉、吊、撑外，还可利用换头的方法改变分枝角。缩小分枝角，可增强长势；增大分枝角，可抑制长势。

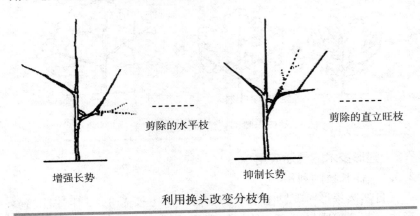

剪除的水平枝

剪除的直立旺枝

增强长势　　　　　　　抑制长势

利用换头改变分枝角

2.3.4 短枝的保留利用

在不影响主枝、副主枝延长生长的同时，在这些骨干枝上，尽量多保留短枝，以增加总叶面积，提高早期产量。

2.3.5 夏梢的合理利用

幼树整形时，要充分利用夏梢构成树冠骨干枝。抹梢次数过多，会使夏梢数量太多、密挤，生长细弱。如顺其自然生长，夏梢少而健壮，即可构成大枝少、小枝多的高产树形骨架。

3 整形步骤

3.1 自然圆头形的整形步骤

3.1.1 定干

苗木定植后，离地面 40～50 厘米短截，剪除下部小侧枝，保留上部侧枝，留主干高 25～35 厘米。

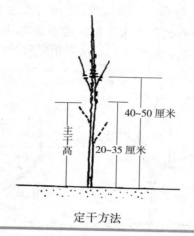

40~50 厘米

主干高

20~35 厘米

定干方法

3.1.2　骨干枝的培养

（1）第一年春季春梢抽生后，在不同方位选留 3～4 个春梢，将剪口下第一个直立强梢作为主干延长枝，20～30 厘米短截。第二个强梢作为第一主枝，长 20～30 厘米短截，留叶 8～10 片，其他为辅养枝，不短截。

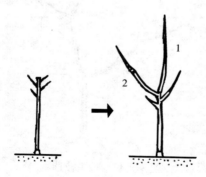

第一年春季生长
1. 主干延长枝　2. 第一主枝

（2）第一年夏季，经短截处理的春梢，都会抽生 2～3 个夏梢，在中心主干上，选 1 个直立强梢作为主干延长枝。再在离第一主枝

20～30厘米处，方位角120°的位置，选留第二主枝，留20～30厘米短截，其他为辅养枝。一次夏梢长度不足30厘米的，不选留第一主枝副主枝，可短截继续培养二次夏梢或秋梢后再选留。

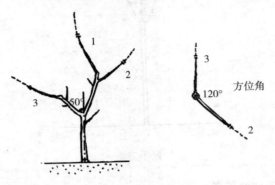

第一年夏季主枝选留
1. 主干延长枝　2. 第一主枝延长枝　3. 第二主枝延长枝

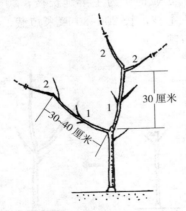

夏季延长生长主枝选留
1. 一次夏梢　2. 二次夏梢

（3）第一年秋季，经秋梢培养后，各级延长枝秋梢均留20～30厘米，8～10片叶短截，为枝梢总长度的1/3，至饱满芽段。其他不短截，作为辅养枝。

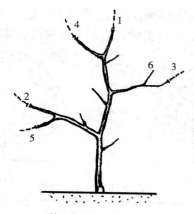

第一年秋季生长

1.主干延长枝　2.第一主枝延长枝　3.第二主枝延长枝
4.第三主枝延长枝　5.第一主枝第一副主枝　6.第二主枝第一副主枝

根据自然圆头形的整形要求，第二年继续培养，选留第四主枝及各主枝上的第一、二副主枝。各级主枝延长枝均留 20～30 厘米短截。主干延长枝在第四主枝形成后截顶，不再延长。

通过两年的整形和培养，管理较好的自然圆头树形已具 4 个主枝，7～9 个副主枝，第三年可开始挂果。

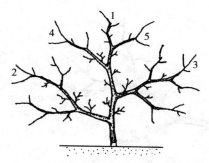

二年生自然圆头形整形模式

1.主干延长枝截顶　2.第一主枝，已具 3 个副主枝
3.第二主枝，已具 3 个副主枝　4.第三主枝，已具 2 个副主枝
5.第四主枝，已具 1 个副主枝

管理一般的或较差的，可继续培养，第三年或第四年完成整形。挂果后，边结果边长树，达到应有的树冠高度和冠幅。

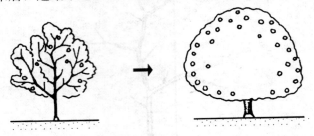

继续培养，逐步成形

3.1.3 侧枝和枝组的培养

（1）枝组的配置 枝组亦称单位枝，是由一个基枝发育而成的枝群，包括结果枝、营养枝。一般副主枝上 30～40 厘米蓄留一个侧枝，侧枝上再配置多个枝组结果。幼年树在培养主枝、副主枝时，除延长枝外，适当多留辅养枝。通过 1～2 年的培养，形成多个枝组，以后视其情况决定剪留。

（2）枝组的培养 侧枝直接结果的，结果后，过密的疏除；可培养枝组的，短截后促发分枝，形成枝组。

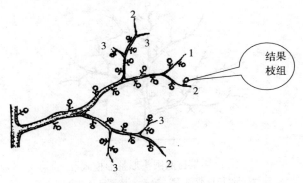

枝组配置
1. 主枝延长枝 2. 副主枝 3. 侧枝

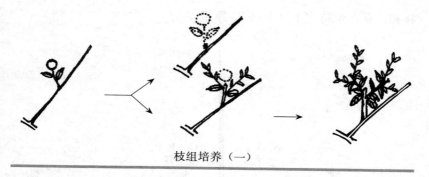

枝组培养（一）

侧枝未结果的，短截先端的 1/3，促发分枝形成枝组结果。

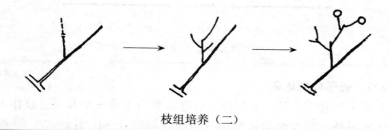

枝组培养（二）

若分枝强旺，需继续短截，再分枝结果。

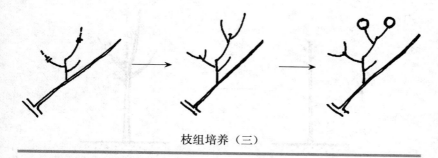

枝组培养（三）

3.2　自然开心形的整形步骤

3.2.1　定干

苗木定植后，离地面 40～50 厘米短截，抹除 25 厘米以下的分枝和萌芽，保持主干高 25～35 厘米。

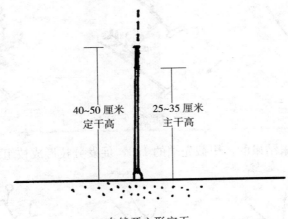

40~50 厘米
定干高

25~35 厘米
主干高

自然开心形定干

3.2.2　骨干枝的培养

第一年春季定植，春梢抽生后选留剪口下第一个直立强枝作为主干延长枝，第二个强枝为第一主枝，留叶 8～10 片，20～30 厘米短截，其他不短截的留为辅养枝。

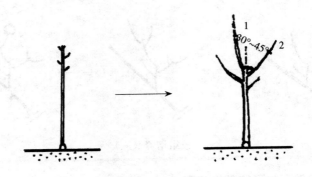

第一年春季生长
1. 主干延长枝　2. 第一主枝

第一年夏季在主干延长枝夏梢中选留剪口下第一个直立强枝作为主干延长枝，第二个为第二主枝，留叶 8～10 片，约 20～30 厘米短截。

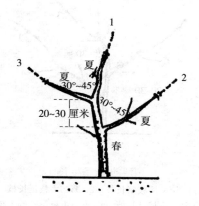

第一年夏季生长

1. 主干延长枝　2. 第一主枝延长枝　3. 第二主枝延长枝

自然开心形三个主枝第一副主枝离主干距离要求 40～50 厘米，第一主枝春梢生长量一般都达不到长度，要利用夏、秋梢完成。在第一主枝（春梢）所发夏梢留 2～3 个，一个为主干延长枝，短截处理；一个为辅养侧枝，不短截。

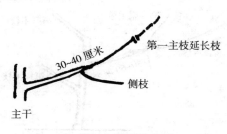

第一主枝夏季生长

第一年秋季在主干延长枝中，选剪口下第一强枝作为第三主枝，与第二主枝间距 20～30 厘米，分生角 20°～30°，与第一、第二主枝的水平角为120°，留8～10叶短截，主干延长枝断顶开心。

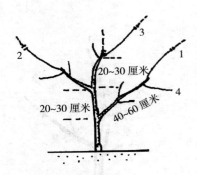

第一年秋季生长
1. 第一主枝延长枝　2. 第二主枝延长枝
3. 第三主枝延长枝　4. 第一主枝第一副主枝

第二主枝为夏梢，如长度够40～50厘米，可在秋梢中选留第一副主枝和主枝延长枝。

第二主枝如间距长度不够，需留2～3个秋梢继续培养，将第一个强枝留8～10叶短截，其他不短截留为辅养枝。

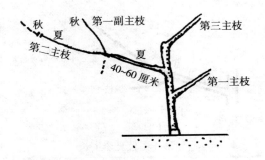

第二主枝夏季选留（一）

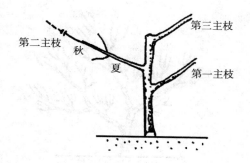

第二主枝夏季选留（二）

自然开心形第二年春、夏主枝、副主枝的选留和培育同自然圆头形，只是着生间距较大 40～60 厘米，分生角稍小，在 30°～40° 左右。

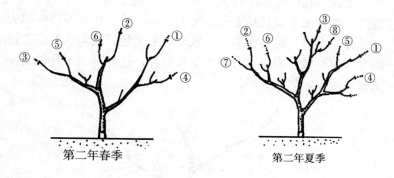

①第一主枝延长枝　②第二主枝延长枝　③第三主枝延长枝　④第一主枝第一副主枝延长枝　⑤第一主枝第二副主枝延长枝　⑥第二主枝第一副主枝延长枝
⑦第二主枝第二副主枝延长枝　⑧第三主枝第一副主枝延长枝

第二年秋梢任其自然生长，主枝、副主枝延长枝也不短截，促使第三年挂果。

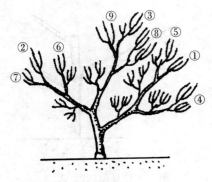

第二年秋季

①第一主枝延长枝　②第二主枝延长枝　③第三主枝延长枝　④第一主枝第一副主枝延长枝　⑤第一主枝第二副主枝延长枝　⑥第二主枝第一副主枝延长枝　⑦第二主枝第二副主枝延长枝　⑧第三主枝第一副主枝延长枝　⑨第三主枝第二副主枝延长枝

　　干性不强的种类品种如温州蜜柑、南丰蜜橘、脐橙、椪柑等，有时很难在主干延长枝上分生第三、四主枝。在培养自然圆头形和自然开心形时，也可在第一年秋季将主干延长枝向水平角适宜的方向弯（拉）枝作为第三、第四主枝培养，这样有利于其他主枝、副主枝的生长，加速成形。

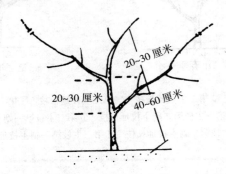

通过拉枝将主干延长枝培养为第三主枝形成自然开心形

南亚热带地区，如广东潮汕地区培养自然开心形，采用矮干低分枝，三主枝集中在春梢中选留，有的在春、夏二次梢中选留，有利于平衡树势，一年可培养出 3 个主枝的丰产树形，第二年开始挂果。

3.3　变则主干形的整形步骤

3.3.1　定干

苗木定植后，离地面 40～60 厘米短截，剪除下部侧枝，保持单干高 30～40 厘米。

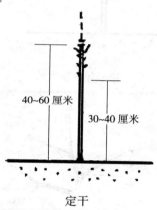

40~60 厘米

30~40 厘米

定干

3.3.2　骨干枝的培养

包括中心主干、主枝和副主枝的培养。

第一年春季，定植后的春梢，选留剪口下第一个直立强梢作为中心主干，第二个作为第一主枝，均留 20～30 厘米，8～10 叶短截，其他枝不短截。

第一年夏季和秋季，整形同自然圆头形，一年可培养 3 个主枝，3～5 个副主枝。

第二年培养第二层 2 个主枝，第一层每个主枝上的 2～3 个副主枝，方法同自然圆头形，只是主枝分为两层，一层 3 个主枝，二层 2 个主枝，层距 40～60 厘米。分枝角一层 40°～50°，二层20°～30°。第二层主枝选留后，中心干延长枝截顶。管理较粗放橘园两

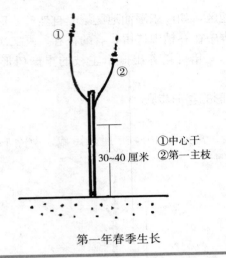

①中心干
②第一主枝

30~40 厘米

第一年春季生长

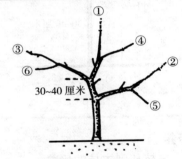

30~40 厘米

第一年骨干枝生长

①中心干延长枝　②第一主枝延长枝　③第二主枝延长枝　④第三主枝延长枝　⑤第一主枝第一副主枝延长枝　⑥第二主枝第一副主枝延长枝

30~40 厘米为主枝间距

年达不到上述标准，需 3 年或 4 年时间。

　　由于苗木、自然条件和管理水平的差异，在整形过程中，往往会出现不够理想的整形。针对这种情况，只能因树制宜，区别对待，不要强求一致，拘泥于一种形式。在整形要求的基本原则下顺其自然，适当调节。采取抑强扶弱的措施，使树冠上下、左右均衡发展。切忌大剪大锯，要多留枝叶，使幼树提早结果。

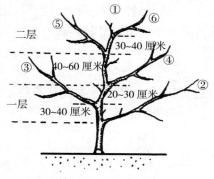

第二年骨干枝生长

①中心干延长枝　②第一主枝延长枝　③第二主枝延长枝　④第三主枝延长枝
⑤第四主枝延长枝　⑥第五主枝延长枝
第一主枝与第二主枝间距 30～40 厘米　第二主枝与第三主枝间距 20～30 厘米
第三主枝与第四主枝间距 40～60 厘米　第四主枝与第五主枝间距 30～40 厘米

4　简易整形技术与方法

　　大面积生产很难做到精细整形，随着劳动力价格越来越高，很多产区已采取简单易行的方法，原则上是任其树体自然生长，因势利导，人为适当控制。

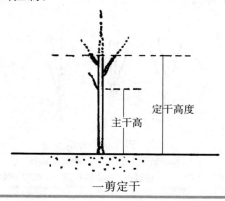

一剪定干

4.1 一剪定干

按照不同树形，不同品种所需要的高度，在定植时，按高度一剪定干，抹除或剪除主干以下的分枝，保持单干。

4.2 枝梢的培养

4.2.1 短截

只对强旺枝进行短截，即使对主枝延长枝，如果不是生长过旺，也不短截，生长期采用摘心打顶。

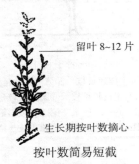

留叶 8~12 片

生长期按叶数摘心

按叶数简易短截

4.2.2 疏剪

对密生枝和较强直立枝进行疏剪，以生长期疏梢为主。每次梢展叶以后，疏除密生新梢，生长期随时抹除主干、主枝上的直立强枝，包括主干基部潜伏芽萌发的徒长枝。

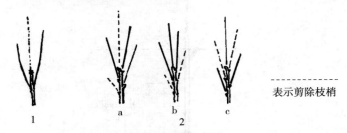

表示剪除枝梢

疏除密生梢的方法

1. 3个摘除1个　2. 5个摘除2个

a. 树冠顶部除强去弱留中庸梢　b. 树冠中下部去弱留强　c. 疏除主枝延长枝附近的竞争枝

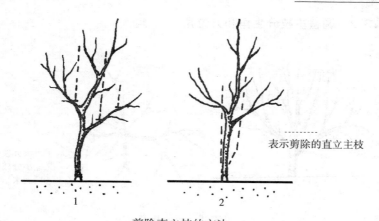

剪除直立枝的方法

1. 剪除主干、主枝上直立强枝　2. 剪除主干基部潜伏芽萌发的徒长枝

4.3　一次定形

　　在管理好、生长好的第二年冬季，或管理一般、生长较差的第三年冬，一次修剪定形。主枝和副主枝分生角、方位角、水平角等，都不吊不拉，只在定形修剪中调整，按照树的生长情况因势利导，稍加控制即可。

4.3.1　调整主枝、副主枝数量和间距

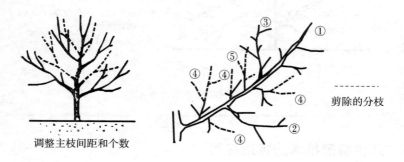

调整主枝间距和个数

调整主枝、副主枝方法

①主枝延长枝　②第一副主枝延长枝　③第二副主枝延长枝　④间距不够短截，改造成枝组　⑤太密、疏除

4.3.2 调整主枝分生角和方位角

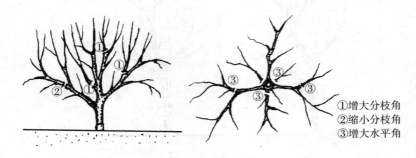

①增大分枝角
②缩小分枝角
③增大水平角

调整主枝分枝角和方位角

4.3.3 清脚修剪，疏剪密生小侧枝

随着树冠的增长，树冠内膛小侧枝过密的，主干上要逐渐剪除，依据不同品种树冠基部着生侧枝的位置逐步提高，一般离地面30～50厘米。

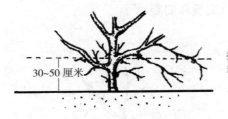

30~50 厘米

按品种不同，逐渐提高
着生侧枝的部位

清脚修剪方法

5 几种整形技术的特别应用

5.1 换主干

苗木生长不良或老化苗，当管理条件改善时潜伏芽萌发，极易发生徒长枝，可利用其徒长枝培养成新的主干。

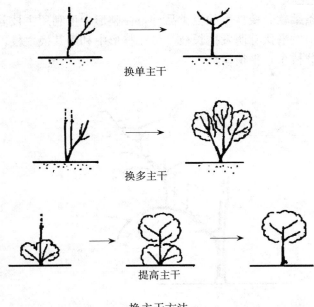

换单主干

换多主干

提高主干

换主干方法

5.2　断干开心

　　枝条直立性较强的品种，如椪柑，当主枝生长达到树冠要求时，将中心主干或中心几个主枝锯去，开心，形成 3～4 个主枝开心树形。有利通风透光，获得高产、优质。

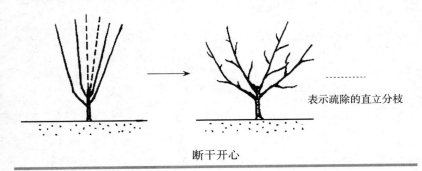

‑‑‑‑‑‑‑‑‑‑‑
表示疏除的直立分枝

断干开心

5.3　换主枝

枝条柔软分枝披垂的橙类品种，在整形中可利用主枝分枝角度大，易引发潜伏芽萌发徒长枝，可在整形中利用其换主枝，以保持主枝的分枝角，平衡树势。

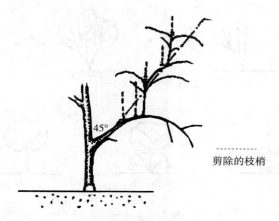

45°

- - - - - - - - - -
剪除的枝梢

利用徒长枝换主枝

第六章 柑橘修剪

柑橘的修剪必须根据各品种的生物学特性和树龄,在不同产区,对不同管理水平、不同类型树灵活运用,才能取得较好的修剪效果。

1 柑橘不同年龄树的修剪

1.1 幼树的修剪

幼树生长势强,生长旺盛,一年多次抽梢,树冠扩大快。幼树的修剪宜轻,要按照树形要求培养骨干枝,蓄留辅养枝,增加梢叶量,利用叶片增加树体营养,使树冠迅速扩大,尽快进入投产期。修剪时间以生长期为主。

1.1.1 抹芽放梢

柑橘定植后的1~2年,每年放梢3~4次,夏、秋梢要去零留整,集中放梢。每次放梢前,对先发的零星芽,在芽长1~3厘米时,抹除1~2次,待全园发梢达到要求时,停止抹芽,统一放梢。

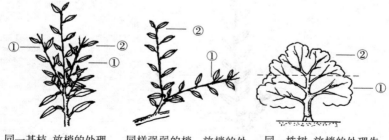

同一基枝,放梢的处理先放弱的①,后放强的②

同样强弱的梢,放梢的处理先放斜生的①,后放直立的②

同一株树,放梢的处理先放树冠中下部①,后放树冠上部②

放梢后,展叶转绿前进行疏梢,树冠上部除强去弱,中下部除弱留强。

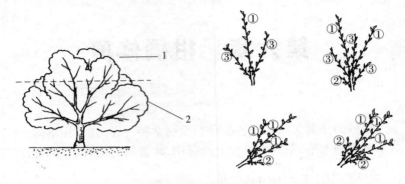

树冠不同部位疏梢方法
1. 树冠顶部　除强①,去弱②,留中庸枝③
2. 树冠中下部外围　去弱②,留强①

1.1.2　长梢摘心

　　幼树生长旺,尤其是夏秋梢。在展叶后,对生长过长的梢进行摘心,留叶8~12片(橙、柚类可以多留),以促使加快老熟,组织充实。但结果前一年秋梢不摘心,以免减少花量,有利于形成优良结果母枝。

留叶 8~12 片

长梢摘心

1.1.3　短截延长枝

按整形要求培养的主枝、副主枝和侧枝的延长枝，要在每次放梢前短剪1/3～1/2，使之剪口下的 2～3 个芽正是放梢中部的健壮芽。

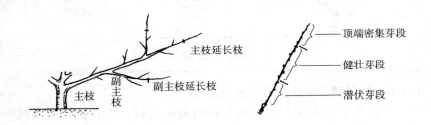

短截延长枝的部位

1.1.4　疏剪主干、主枝上的小枝

随着树冠不断扩大，绿叶层增厚，树冠中下部主干、主枝上生长的辅养小枝要逐步疏除。视其利用价值分次疏剪，不要一次剪光。

分次疏剪辅养小枝

1.1.5　剪除下垂接地枝

幼树树冠增大以后，先端下垂枝接触地面，沾泥染病，妨碍管

理，要及时剪除。剪除接地枝要在骑马枝处剪，并分次进行，逐步抬高。

— 第一次剪除
＝ 第二次剪除

下垂接地枝抬高剪除

1.1.6 处理利用潜伏芽萌发的徒长枝

幼树主干和主枝上的潜伏芽易萌发徒长枝，生长快，扰乱树形，均应及时剪除。在主干过低、弯曲或主枝分布不合理，树冠出现空缺时，可利用潜伏芽徒长枝换主干（或主枝）。这种徒长枝要及时摘心，促发分枝，加速成形。

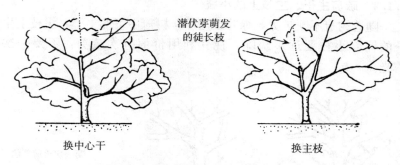

潜伏芽萌发
的徒长枝

换中心干   换主枝

利用潜伏芽萌发的徒长枝换中心干和主枝

1.1.7 摘除花蕾幼果

嫁接苗幼树开花早，投产前每年春梢萌发后，花蕾绿豆大时开始摘除，2～3 次摘完。花蕾未摘到的，坐果后还要继续摘除，以节约树体养分。

1.2 初结果树的修剪

初结果树继续扩大树冠完成整形，并开始结果，不断增加产量。修剪的目的是在树冠扩大的前提下，达到早结果、早丰产。

1.2.1 控梢放梢

初结果树营养生长旺，生长与结果矛盾突出，中亚热带以南柑橘产区，常采用疏春梢、控夏梢、放秋梢、抹冬梢来协调二者矛盾，同时加强保花保果，以达到早结、高产的目的。

（1）疏春梢 树冠中上部位生长旺的外围营养春梢和 5 叶以上有叶结果枝疏除。各产区不同品种，留叶多少有所不同，视具体情况定疏剪量。

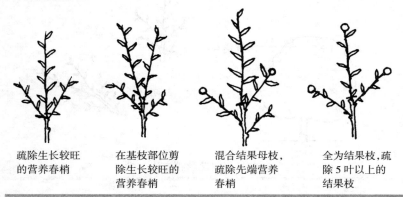

| 疏除生长较旺的营养春梢 | 在基枝部位剪除生长较旺的营养春梢 | 混合结果母枝，疏除先端营养春梢 | 全为结果枝，疏除 5 叶以上的结果枝 |

（2）控夏梢 从坐果后至 7 月中旬，要严格控制夏梢的生长，以减少生理落果。控夏梢的抹梢方法与一般的抹梢方法不同，在夏梢停止生长展叶时才抹，或是带基枝剪除。也可留 1~2 叶摘心，这样可抑制和减少夏梢的发生，减少抹梢次数和用工。

| 自剪后抹除 | 不能在芽长 1~3 厘米抹除 | 自剪后带基枝剪除 | 留 1~2 叶摘心 |

（3）**放秋梢** 从7月中旬开始,选择气候适宜和潜叶蛾发生低峰期放秋梢。放梢前对发生的零星芽,抹1～2次,在全园达到放梢要求时,统一放秋梢。放梢时间由当地气候而定,基本原则是秋梢必须老熟,能分化花芽次年结果,同时要尽量避免晚秋梢或冬梢发生。在秋梢展叶后转绿前,疏梢1～2次。树冠顶部除强去弱留中庸,树冠中下部的外围去弱留强,以控制树高,增大冠幅。

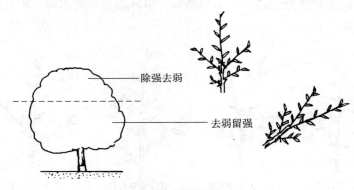

初结果树疏秋梢方法

（4）**短截夏梢结合抹芽放梢** 为减少抹芽次数可考虑留部分夏梢,具体操作是:在树冠空隙部位或外围保留部分夏梢,留5～8片健壮叶片短剪或摘心,短截后的夏梢可能再次萌发晚夏梢,于7月中、下旬连续抹2～3次,直至放梢为止。这样秋梢抽生数量可明显减少。

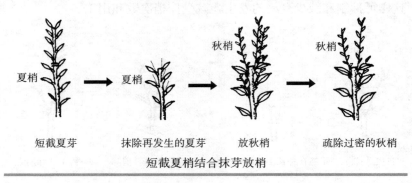

短截夏梢结合抹芽放梢

（5）抹冬梢　在当地进入冬季前，还不能正常老熟的晚秋梢和冬梢要全部抹除，晚秋梢先端不能老熟的，要及时摘心，促进老熟。

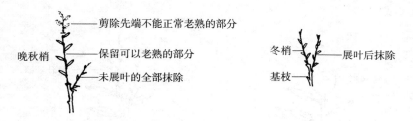

晚秋梢、冬梢处理方法

1.2.2　断根促花

旺长不开花的幼年结果树，在花芽生理分化期（9月中旬至10月下旬），在树冠滴水线内开条状或环状沟（按树冠大小而定），断根粗度要求达到0.5～1.5厘米。开沟后修剪断根，并晾根30～60天，叶片出现微卷时填土，填土时结合深施有机肥。

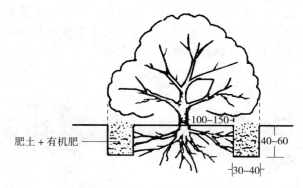

开沟断根促花　（单位：厘米）

1.2.3　以果换梢

秋梢是柑橘幼年树的优良结果母枝。先年结果多的幼树，很难放出好的秋梢。在 7 月上中旬放秋梢前 10～15 天，将树冠中上部外围大顶果摘除或带萼片剪除，放秋梢，这是以果换梢，培养优质秋梢结果母枝的主要措施，中亚热带产区广泛用于宽皮柑橘和橙类。

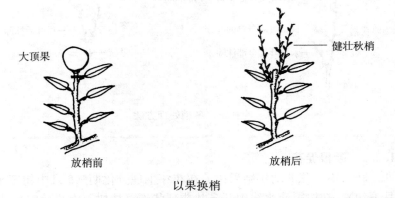

以果换梢

1.2.4　短截回缩落花落果枝

有些柑橘品种坐果率低，落花落果严重，特别是花量大的树落花落果枝更多。这些落花落果枝，按常规应进行冬季修剪，为节省养分，最好采取夏剪，于 6 月下旬至 7 月上旬放秋梢前，进行短截或回缩促发秋梢，可培养成优良结果母枝。

短截、回缩落花落果枝方法

1. 落花落果枝基部有营养枝留营养枝回缩，剪去落花落果枝
2. 落花落果枝组无营养枝，从基部疏删，或留 2～3 芽短截

1.2.5 结果枝、结果母枝的修剪

初结果期树结果枝、结果母枝，一般质量较好，修剪时应分类区别对待，一般是冬季进行修剪。

1.2.6 重短截夏秋梢

随着树体生长和挂果量的增加，开始进入盛果期。在气候适宜、肥水管理较好的情况下，秋梢发生多、质量好，翌年花量大，

结果枝,结果母枝有叶,叶色枯黄,齐此剪

结果母枝健壮,结果枝叶色枯黄,齐此剪

结果枝,结果母枝有叶,健壮叶绿,齐此剪

结果母枝有营养枝,衰弱,齐此剪

结果枝衰弱,结果母枝健壮有营养枝,齐此剪

结果枝组衰弱,齐此回缩更新

结果枝无叶或有叶枯黄,结果母枝衰弱,齐此剪

结果枝、结果母枝修剪方法

秋梢

留 2~3 芽短截

疏去弱秋梢

基枝

秋梢

保留基枝,剪去全部秋梢

基枝

基枝留 2~3 芽短截

重短截和回缩秋梢

会形成大年结果。因此,在秋梢生长很好的年份,冬剪时要对全树1/3秋梢进行重短截或回缩,并疏去弱梢,以减少翌年花量。夏梢控制不完全的,即未级枝为夏梢的同秋梢处理。

1.2.7 处理无用枝

无用枝包括枯枝、病虫枝、密生枝、细弱枝、交叉枝、主干主枝发出的直立徒长枝、下垂接地枝等,对树体生长妨碍较大的如病虫枝、主干主枝发出的徒长枝,在生长期及时剪除,其他均在冬季修剪时剪除。

1.3 盛果期树的修剪

进入盛果期,极易出现大小年结果现象,修剪的任务是及时更新结果枝组,培养优良结果母枝,保持营养枝与结果枝的合理比例,达到稳产高产、延长盛果期年限。

1.3.1 疏剪郁闭大枝

进入盛果期后树冠上部生长旺,易出现上强下弱,顶部枝梢密生,内膛荫蔽枯枝,必须疏剪大枝打开光路。一般修剪原则是:树势强疏剪强枝,大枝长势相同的先疏剪直立枝,以缓和树势;树势弱的疏剪弱枝,以促进生长。盛果期要培养大枝少而稀,小枝多而密;树冠上不满下不空,外空内不空,上下能见光,内外能结果的凹凸树冠。

大枝修剪前树冠外部无层次　　　　大枝修剪后层次分明树冠凹凸状

1.3.2 轮换更新结果枝组

柑橘连年结果，结果枝组容易衰退，每年须选择 1/3 的衰弱枝组进行更新，从基枝短截，促发春梢。此法更新枝组，可留少量夏梢，通过摘心和抹芽放梢，使之尽可能多抽生秋梢结果母枝。每年这样轮换更新 1/3 枝组，稳定树势，保持营养生长与生殖生长的平衡，延长盛果期。

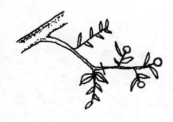

第一年　　　　　　　　　　　　　第二年

枝组回缩更新

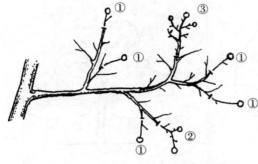

①短截结果枝
②回缩结果母枝
③轮换回缩结果枝组

第一年冬季更新修剪

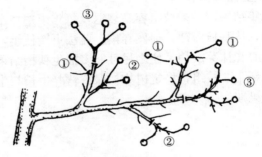

第二年冬更新修剪

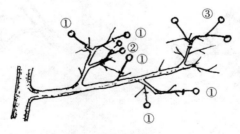

第三年冬更新修剪

枝组轮换更新

1.3.3　培育优质春梢结果母枝

柑橘进入盛果期，结果母枝由秋梢为主转向以春梢为主，春梢营养枝数量和质量是来年产量的标志。春梢结果母枝的培养有两种主要方法：一是采取枝组更新促发优质春梢；二是回缩短截夏、秋梢营养枝促发春梢。对生长强壮的夏、秋梢，除培养成大侧枝延长枝外，可短截至春梢基枝，促发优质春梢。

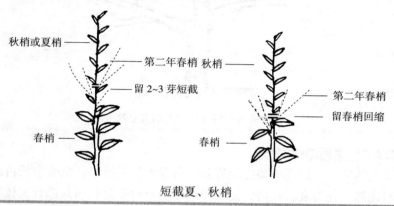

短截夏、秋梢

1.3.4　回缩落花落果枝

柑橘盛果期花量大，落花、落果严重，谢花后至 7 月上旬，对落花、落果枝组进行回缩修剪，可以促发健壮早秋梢。如果冬季修剪回缩，将不能抽发秋梢形成结果母枝。

1.3.5　处理与利用内膛枝

盛果期柑橘树冠高大，由于封行荫蔽，如修剪工作不到位，会严重影响内膛结果，产量下降。

（1）剪除枯枝、病虫枝、果柄枝。

（2）疏剪密生枝　内膛枝过密，需疏剪纤细衰弱枝，约 10～20 厘米保留一个健壮枝；疏剪直立旺长枝，保留侧生短壮枝。

（3）抬高下垂枝　结果枝结果下垂，长势衰弱，尤其是枝条先端易衰老，要逐次修剪上抬，恢复长势以形成结果能力。

（4）改造利用潜伏芽直立枝　由主枝、大侧枝潜伏芽萌发的

直立枝，长势弱于徒长枝，经摘心促发分枝，可改造成结果
枝组。

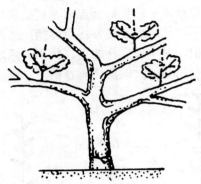

改造利用潜伏芽萌发的直立枝

1.4 结果后期树的修剪

结果后期树，树势逐渐衰弱，营养生长量减少，生殖生长占绝
对优势。先端衰弱，内膛侧枝潜伏芽萌发增多。利用其进行大枝和
结果枝组更新是修剪的主要任务。

1.4.1 压顶回缩大枝

结果后期树，老化结果枝组增多，枝组更新已不能完全促使树
势恢复生长，必须压顶更新大侧枝。这种更新要从树冠顶部开始，
首先要压顶，每年更新 1/5 大侧枝，枝径 1～3 厘米，一般不留
枝桩。

1.4.2 交替更新结果枝组

结果枝组更新从进入盛果期就要开始，随着树龄的增加，树势
衰弱，更新速度加快，更新数量增多。

1.4.3 利用潜伏芽萌发的徒长枝

结果后期树树冠上部长势逐渐衰弱，主干、主枝中下部潜伏芽
大量萌发，要充分利用。在树冠空隙处，或残缺树冠的主干基部，
留 1 个或几个潜伏芽徒长枝，经摘心、短截、换枝等处理，培养成
新的树冠部分。

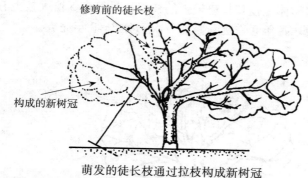

修剪前的徒长枝

构成的新树冠

萌发的徒长枝通过拉枝构成新树冠

1.4.4 开沟断根更新根系

在树冠大枝回缩更新的同时，必须更新根系。秋末（9～10月）在树行间或株间开壕沟断根，结合深施有机肥促发新根。

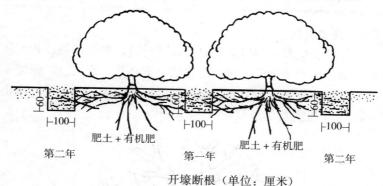

肥土＋有机肥　　肥土＋有机肥

第二年　　　　第一年　　　　第二年

开壕断根（单位：厘米）

1.5 衰老树的更新修剪

衰老树指结果多年、树龄大、树势衰退的老龄树。这种树的更新修剪必须是主干和大枝完好，没有病虫为害，更新后能迅速恢复树冠生长和结果能力才有经济价值。更新修剪要根据其衰老程度，采用不同的更新修剪方法。

1.5.1 局部更新

又称轮换更新。是分年对主枝、副主枝和侧枝轮流重剪回缩或疏删，保留树体主枝和长势较强的枝组，尽量多保留大枝上有健康叶片的小枝，每年春季更新修剪一次，分2～3年完成。

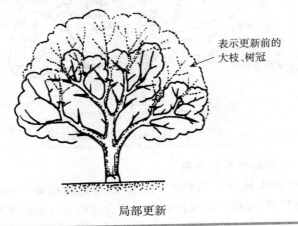

表示更新前的大枝、树冠

局部更新

1.5.2 露骨更新

又称中度更新。当树势衰退比较严重时，将全部侧枝和大枝组重截回缩，疏删多余的主枝、副主枝、重叠枝、交叉枝，保留主枝上部分健康小枝。这种更新要注意加强管理，保护枝、干，防止日灼，2～3年可恢复结果。

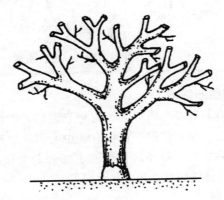

露骨更新

1.5.3　主枝更新

又称重更新。是在树势严重衰退时，将距主干 100 厘米以上的 4～5 级副主枝、侧枝全部锯去，仅保留主枝下端部分。这种更新方法用于密植郁闭园的改造，冻害树的恢复修剪效果显著。

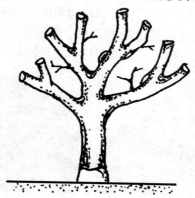

主枝更新

1.5.4　修剪的注意事项

①衰老树的更新必须与根系更新同步进行，头年秋季先断根改土，翌年春季更新树冠效果才更好。

②更新修剪通常在春季萌芽前进行。

③更新修剪后，及时用薄膜或接蜡保护锯口、剪口，用石灰水刷白树干，防止枯桩和日灼。

④加强新梢管理，通过摘心、疏梢、曲枝和病虫防治等促进树体生长，尽快恢复树冠。

2　柑橘主要种类、品种的修剪

柑橘种类品种很多，修剪方法差异较大，现将橙类、柚类、宽皮柑橘类、枸橼类以及金柑属的主要种类、品种修剪方法介绍如下：

2.1　甜橙

甜橙生长势较强，树冠高大紧凑，结果性能好。甜橙较耐阴，树冠内外均能结果，修剪时要充分利用这些特性。初结果树秋梢为优良的结果母枝，夏、秋梢二次梢结果性能也好，盛果期以健壮春梢为主要结果母枝。甜橙品种不同，其修剪方法有区别。

2.1.1 普通甜橙

全国栽培面积较大的品种有四川的锦橙，湖南的大红甜橙、冰糖橙，广东的红江橙，福建的改良橙、雪柑等。这些品种树势较强、树冠高大，具有内外结果的特性，丰产性好，更新能力强。

甜橙幼年树

甜橙成年树

（1）疏春梢、控夏梢，培养优良秋梢结果母枝　甜橙幼年结果树，疏春梢要强树去强枝，弱树去弱枝；控制夏梢发生，7月中、下旬至8月上旬放秋梢，培养优良秋梢结果母枝。

①强树去强枝　②留中庸结果枝

①弱树去弱枝　②留强枝结果

幼年结果树疏春梢

（2）疏剪、短截外围衰退结果枝组　甜橙内膛结果力强，只要开小窗，阳光充足，同样能结出优质果。只需酌量疏剪或短截树冠外围衰退结果枝组，保持树冠外层通透性，以改善树冠内光照，充分发挥内外立体结果的特性。

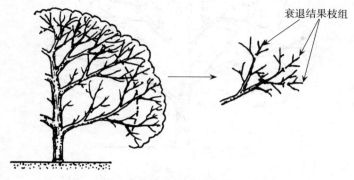

疏剪短截衰退结果枝组

（3）培养利用夏、秋二次梢　夏、秋二次梢是培养甜橙波浪形树冠，也是甜橙幼年结果树优良的结果母枝。生长旺，着果率高，易结出球果。要在树冠适宜部位选择夏梢，进行短截，促发秋梢，形成大凹凸面。

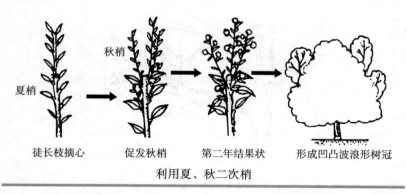

利用夏、秋二次梢

（4）压顶开天窗　甜橙长势旺，在种植密度较大的情况下，顶端枝梢生长旺，易造成中下部和内膛荫蔽，小枝衰退枯死，必须回缩锯去直立大枝开天窗，才能改善内膛光照。

压顶开天窗

（5）利用徒长枝更新 甜橙潜伏芽易发生徒长枝，一般要及时抹除。但在树体出现空缺时，要充分利用，尤其是结果期的枝组更新。要对主枝、侧枝上发生的潜伏芽徒长枝，选择长势中庸的，进行摘心，促发分枝，改造为结果枝组，也可用于枝组轮换更新。

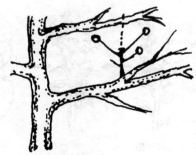

利用徒长枝更新

2.1.2 脐橙

一般脐橙品种生长势较普通甜橙稍弱，枝略披垂。花量大，着果率低，落花落果严重。

脐橙幼年树

脐橙结果状

修剪要点是调整树势，提高着果率，达到高产、稳产的目的。

（1）重视花期修剪　在现蕾时开始修剪，至稳果后结束。现蕾至开花前，疏剪短截密生枝、细弱瘦长枝及无叶退化枝，抹除6叶以上的和瘦弱的春梢营养枝，花后剪除落花落果枝。

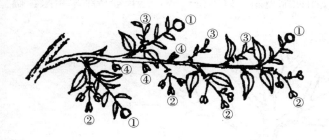

①结果枝
②落花落果枝
③衰弱枝
④无叶花枝

花枝、落花落果枝修剪

（2）及时疏果　在开花前疏花序、疏花的基础上，于第一次生理落果后进行疏果。疏除小果、病虫果、畸形果和密生果，保留正常大果。

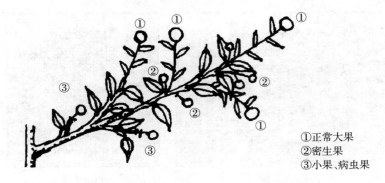

①正常大果
②密生果
③小果、病虫果

疏 果

（3）环割保果　脐橙花量大，幼年树或旺长树可在开花期选择主枝、副主枝或直立侧枝，环割 2～3 圈保果。花量大在谢花后割，花量少在开花前割，同时配合药剂保果效果明显。

（4）回缩更新结果枝组　脐橙树势较普通甜橙弱，进入盛果期后，要对结果枝组回缩更新，以维持树势，延长经济结果年限，稳定产量。

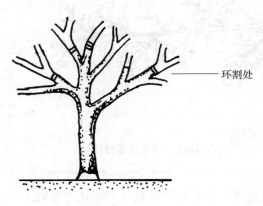

————环割处

环割保果

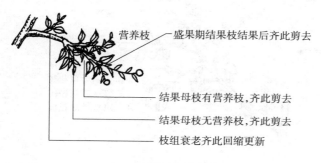

回缩更新结果枝组

2.1.3　夏橙

　　夏橙生长势强，枝梢生长旺，花量大，果实周年挂在树上养分消耗多。因此，冬季修剪一般只修剪病虫枝、细弱枝，开花采果后进行全面修剪。

夏橙幼年树

夏橙结果状

　　（1）花枝修剪　夏橙有四种花枝，抹除无叶花枝，保留有叶花枝；有叶花枝多时可剪除先端1～2个花序枝，保留有叶单花枝。

①有叶花序枝
②有叶单花枝
③无叶花序枝
④无叶单花枝

花枝修剪

（2）短截落花落果枝　开花后，及时短截落花落果枝。

（3）回缩结果枝组　夏橙长势旺，修剪结果枝组时，幼年树以短截结果枝、结果母枝为主；盛果期树主要回缩结果枝组。

（4）以疏为主，轻剪少截　根据夏橙的长势，幼年结果树宜轻剪，采用环割环剥促花防止旺长。修剪应多用疏剪，疏强留弱，保持中庸树势，维持营养生长与结果平衡。

—— 除强留弱,从基部剪除

夏橙疏梢

2.2　宽皮柑橘类

宽皮柑橘品种多，品种特性不一样，修剪方法也有区别。

2.2.1　温州蜜柑

温州蜜柑喜光性较强，营养生长旺，发枝力弱，成枝力强，易抽长枝且柔软披垂。枝梢中下部萌芽力差，常易造成内膛光秃。温州蜜柑易成花，春、夏、秋梢都能开花结果，树冠外围结果较多。修剪应少疏删，保留短枝结果，结果后短截更新，促发新枝，充实树冠内膛。

温州蜜柑(尾张)幼年树

早熟温州蜜柑(宫本)

修剪后温州蜜柑(尾张)

温州蜜柑(尾张)结果状

（1）抹梢控梢保果　随着全球气候变暖，中亚热带地区南缘种植的温州蜜柑，抹春梢控夏梢已是保果的必要措施。常用的方法是：营养枝抹除4叶以上的，保留3叶以下的，有叶花枝抹除5叶以上的，新老叶比控制在0.5～1：1较适当，夏梢全部抹除。

营养枝 { ①抹除 4 叶以上的
         ②保留 3 叶以下的

结果枝 { ③抹除 5 叶以上的
         ④保留 4 叶以下的

抹除春梢的方法

（2）培养秋梢结果母枝　秋梢是温州蜜柑优良的结果母枝，30厘米以上的早秋梢，开花坐果依然正常。培养秋梢优良结果母枝有3种方法：一是放秋梢前10～15天，回缩衰退枝组，以枝换梢；二是剪除中上部外围大果，以果换梢；三是抹夏梢放秋梢，以梢换梢。幼年结果树以梢换梢、以果换梢效果好，盛果期树以枝换梢效果明显。

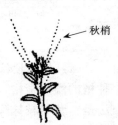

秋梢

回缩枝组放秋梢　　　　剪除顶果放秋梢　　　　抹除夏梢放秋梢

培养秋梢方法

温州蜜柑中熟品种秋梢结果母枝非常好且数量多时，易形成大小年结果。有些产区利用这种大小年结果现象，在结果多的年份利用秋梢挂串果，基本上为无叶花枝，果实皮薄，大小均匀，品质好，产量高。采果后回缩更新，促发次年春梢。结果少的年份不抹梢，任其自然结果，短截夏梢放秋梢，减少用工，降低了管理成本，有一定的经济价值。

总之，对各次枝梢的利用和控制，各地做法不一，但必须以提高产量和品质为原则，根据当地气候、管理水平及劳动力的情况等灵活运用。

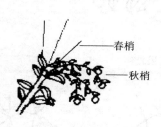

结果年，采果后回缩秋梢

生长年，剪夏梢放秋梢

大小年结果枝梢更新

早熟温州蜜柑树势弱，树冠矮化紧凑，枝条短而密，进入盛果期后，花量大，落花落果枝多，修剪上要注意：

①回缩更新结果枝组，疏剪衰弱枝组，维持树势。这是维持早熟温州蜜柑树势，延长经济结果年限的重要技术措施。回缩更新结果枝组，修剪工作量较少，效果好。

回缩结果枝组
保留营养枝

回缩结果枝组和强秋梢
保留中庸秋梢

回缩结果枝组和秋梢
保留春梢

回缩更新方法

　　②疏剪衰弱枝组。进入盛果期的早熟温州蜜柑,大量的落花落果枝,枝短叶小,按其衰退状况,逐渐疏剪,以维持树体生长势。

　　③蓄留夏梢,培养秋梢。当树势衰弱时,按树势不同,全株或部分主枝留少量早夏梢作基枝,8月短截放秋梢,轮换更新侧枝以恢复树势。

疏剪衰退结果枝组

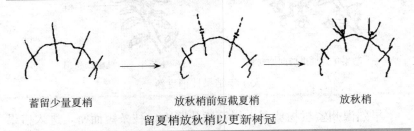

蓄留少量夏梢　　　　放秋梢前短截夏梢　　　　放秋梢

留夏梢放秋梢以更新树冠

2.2.2　椪柑

　　椪柑树势较强,大枝多直立,枝条分枝角度小;小枝密生,长枝结果。修剪要注意拉枝开心、短截长枝、疏剪密生小枝。

椪柑结果初期树

整形修剪后的椪柑

（1）拉枝整形促使开心　在椪柑幼树整形中，要注意拉枝，增大分枝角度，造成开心树形，使各主枝分枝角达到45°～55°。拉枝后，易萌发徒长枝，要及时疏梢，部分徒长枝可拉枝改造为副主枝、枝组；中上部的改造为结果母枝，结果能力很好。

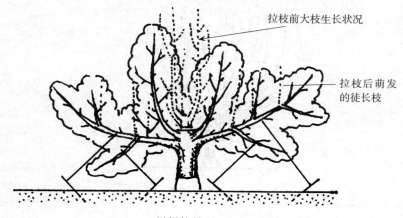

拉枝前大枝生长状况

拉枝后萌发的徒长枝

椪柑拉枝开心整形

（2）培养强壮秋梢母枝　椪柑晚夏梢、早秋梢均是优良结果母枝，极易结串果。短截更新结果枝组是培养优质秋梢母枝的重要方法。

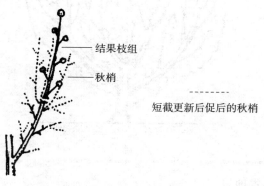

结果枝组

秋梢

短截更新后促后的秋梢

短截更新培养秋梢结果母枝

（3）**保留树冠中下部小枝**　椪柑树冠中下部小枝结果性极好，可连年轮换结果。椪柑主枝、副主枝，甚至主干上这种小枝，通过疏剪，在不同方位，20厘米保留一个，可多年结果。

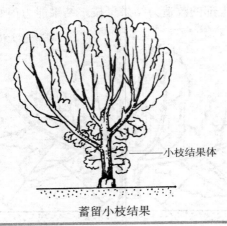

小枝结果体

蓄留小枝结果

（4）**疏剪大枝**　椪柑大枝多，密生分枝角小，未通过拉枝整形的，进入盛果期，要进行大枝修剪，造成开心树形，提高产量效果显著。

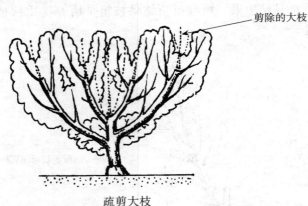

剪除的大枝

疏剪大枝

2.2.3　本地早

本地早树势较旺，发枝力强，分枝多。顶端易形成<u>丛生枝</u>，造成树冠郁闭，内膛枝细弱。修剪时应以疏剪为主，抹除"六月梢"，促发秋梢，疏剪细弱枝，短截较长的秋梢结果母枝。

本地早成年树

本地早结果状

（1）疏剪竞争枝，保持各组枝从属关系　幼树进入结果期，要及时疏除各级竞争枝，保持主枝 3～4 个，副主枝 9～12 个，主枝大于副主枝的从属关系，防止竞争丛生。

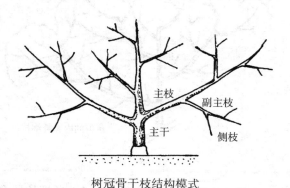

树冠骨干枝结构模式

（2）疏剪顶端丛生枝　顶端丛生枝要疏强去弱留中庸枝，疏剪不留桩，使顶部小空大不空，通风透光，促进内膛枝生长健壮。

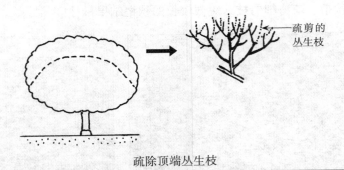

疏除顶端丛生枝

（3）**疏剪内膛细弱枝**　由于顶端枝丛生，枝叶繁茂，致使通风透光不良，内膛枝多而纤细，畸形花多，要疏除细弱的，保留健壮的枝，提高花质，促进内膛结果。

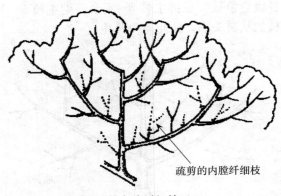

疏剪内膛纤细枝

（4）**控梢放梢**　本地早春梢营养生长旺，春梢长枝多，要疏除5叶以上的，保留5叶以下的，早夏梢留3～4叶摘心，二次夏梢全抹除，7月下旬至8月上中旬放秋梢。

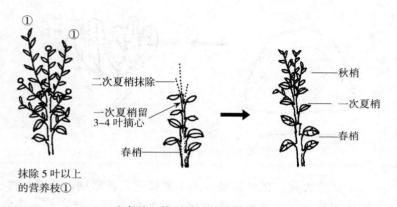

二次夏梢抹除

一次夏梢留
3~4叶摘心

春梢

抹除5叶以上
的营养枝①

秋梢

一次夏梢

春梢

疏春梢、控夏梢、放秋梢的方法

2.2.4　南丰蜜橘

南丰蜜橘生长势较强，枝条多，细长柔软，树冠外围枝梢密生，丰满，通风透光不良，致使内膛枝衰弱枯死而空虚。修剪要疏剪外围延长细枝，回缩结果长枝，防止结果部位外移。

南丰蜜橘幼年树

南丰蜜橘成年树

（1）疏剪短截树冠外部密生长枝　南丰蜜橘树冠外围长枝多，生长密，修剪时要疏剪过密的，短截过长的，使之形成波浪形树冠。

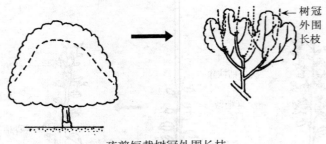

疏剪短截树冠外围长枝

（2）疏剪大枝，促发短枝　南丰蜜橘进入盛果期，疏剪小枝已不能解决内膛光照，必须疏除大枝，留短桩促发新枝，充实内膛，防止光秃。

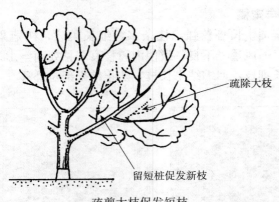

疏剪大枝促发短枝

（3）控梢放梢　南丰蜜橘与其他宽皮橘类一样，尤其是幼年结果树，梢果争夺养分矛盾突出，不疏春梢，不控夏梢，就会造成严重落花落果，只有疏春梢、控夏梢才能保果和放好秋梢。疏梢控梢放梢方法同本地早。

2.2.5　沙糖橘

沙糖橘果形小，风味甜，深受消费者的欢迎，已成为广东、广西的主要柑橘栽培品种。沙糖橘生长快，结果早，管理水平要求高，修剪精细。

沙糖橘成年树

沙糖橘结果状

（1）疏剪密生枝　沙糖橘幼树大枝多，小枝密。随着树冠增长，要逐渐疏除密生枝，保持树冠通风透光。

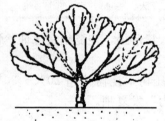

疏除密生大枝

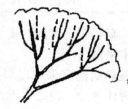

疏剪密生小枝

密生大枝和小枝

疏剪密生枝方法

（2）带叶采果，回缩结果枝　沙糖橘产区有采果带叶的习惯，结合采果，视其结果枝健壮程度，回缩结果枝或结果母枝。

带结果枝采果

带结果母枝采果

带结果枝组采果

带叶采果回缩结果枝方法

（3）环割（剥）保果 沙糖橘环割（剥）在谢花后 10 天开始，主要是防止二次生理落果。

环割：沙糖橘环割保果要割几次，才能达到较好的效果。枳砧割 1～2 次，酸橘砧割 2～3 次，15 天割 1 次。在主干或主枝上环割，要维持 40～45 天才有保果效果。

环剥：生理落果前 10～15 天环剥，一次就行，全环剥，宽度 2 毫米。

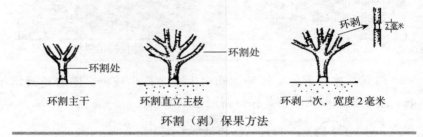

环割（剥）保果方法

（4）控夏梢 夏梢会诱发沙糖橘大量落果，控夏梢是保证沙糖橘高产的重要技术措施。

以果控梢：盛果期树宜采取以果压树，让树体超 20%～30% 负荷挂果，消耗树体养分，使之"无力"发夏梢。

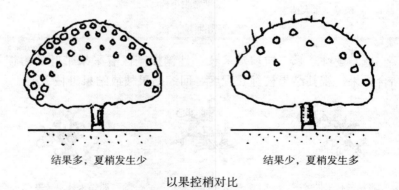

以果控梢对比

以梢控梢：沙糖橘幼年结果树、旺长树，养分充足，挂果不多，营养生长旺。可让其在二次生理落果前，放一定数量的早夏梢，消耗部分养分，以控制大量夏梢的发生。

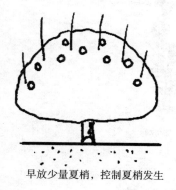

早放少量夏梢，控制夏梢发生

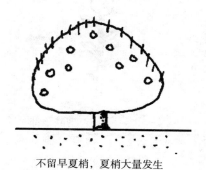

不留早夏梢，夏梢大量发生

以梢控梢对比

抹除夏梢：在夏梢长至 5～7 厘米时人工抹除，7～10 天抹一次，直至稳果。

抹除顶果枝上的夏梢

抹夏梢方法

（5）放秋梢　秋梢是沙糖橘主要的优良结果母枝，是高产的基础。

以果换梢：盛果期树结果量多时，在放秋梢前 10～15 天，将树冠中上部外围有叶果枝大顶果剪除，约剪除超负的 10%～20%，以放秋梢。

以梢换梢：放秋梢前 10～15 天，短截夏梢和落花落果枝组。

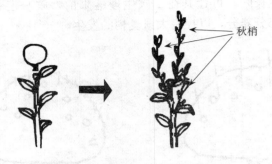

剪除顶部有叶果枝大果放秋梢

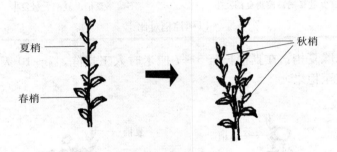

剪除单枝夏梢放秋梢

2.3 柚

柚类生长势强，枝梢生长旺，树冠高大、叶大、果大。成年树1～2年中庸春梢是其主要结果母枝，多年生内膛小枝结果性能也非常好。幼树整形要培养变则主干形。主枝少而稀，枝组多，成年树修剪要以疏剪为主，去强留弱，短截为辅。一年只放一次春梢，控制夏梢和秋梢。

（1）利用徒长枝换干，培养高大树形 柚类老产区，有采用压条苗的习惯，由于压条枝老化，种植后易萌发徒长枝。果农采取斜植压条苗，促发徒长枝换干的种植方法。嫁接苗种植1～2年，也易从基部萌发徒长枝，主干蓄留较高的产区，也常用徒长枝换干。

沙田柚成年树

沙田柚树冠内膛结果状

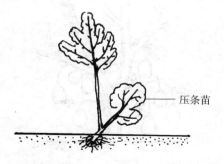

压条苗

压条苗斜植促发徒长枝换干

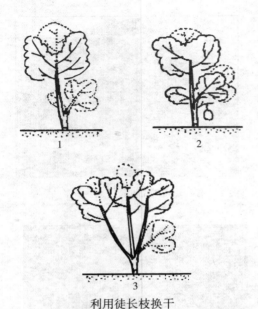

利用徒长枝换干

1. 剪除原树体换成单干　2. 将原树体修剪成一个分枝用于早期结果
3. 基部长枝，发生多的可培养成多干树形

（2）充分利用下部枝和内膛小枝结果　柚类幼年树下部内膛枝、斜生枝、下垂枝和无叶枝是主要结果母枝，修剪时要尽量保留，以提高早期产量。

柚类幼年树下部结果状

　　成年树内膛各级枝上着生的多年生小枝、无叶枝也都是优良的结果母枝，应保留。结果后，从营养枝或健康叶处短截。

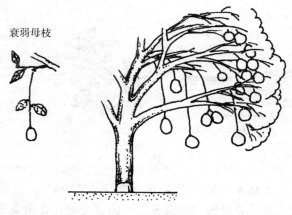

衰弱母枝

柚类成年树内膛弱枝结果状

　　（3）控制夏、秋梢，培养中庸健壮的春梢结果母枝　　柚类进入盛果期要全部利用春梢结果，只要结果正常，夏、秋梢很少发生，这是柚类高产的基础。控制夏、秋梢的方法前面已述，在展叶后转绿前抹除。柚树高大，可采用竹竿上铁钩抹，简单易行，功效高。

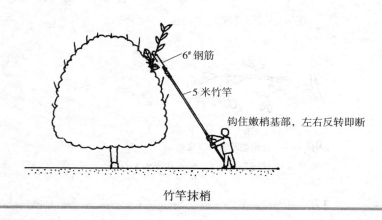

6# 钢筋

5 米竹竿

钩住嫩梢基部，左右反转即断

竹竿抹梢

　　柚类优质的春梢结果母枝，是树冠外围绿叶内层的1～2年生中庸春梢。疏春梢时，要疏剪直立的、上翘的强枝，保留内层下垂的中庸枝。

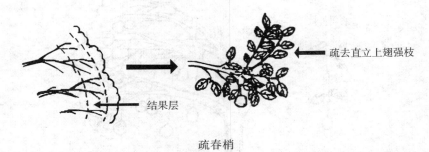

疏春梢

　　（4）疏花疏果　柚类花为总状花序，花序大、花朵多，疏花是柚类保果的重要措施。柚类疏花从疏蕾开始，花蕾黄豆大时开始

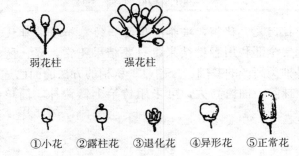

疏花

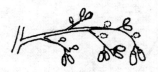——保留强花蕾、正常花⑤
——疏除小花蕾①，畸形花蕾②③④

疏　花

疏，先疏花序，剪除小花序、密花序，保留强花序。每个结果母枝留1～2个花序。开花前疏花蕾，先疏畸形花蕾，再疏去花序中先端的和下部的小花蕾，保留中部2～3个大花蕾。

第二次生理落果后（花后20～30天）开始疏果，第一次疏去病虫果、畸形果、小果；第二次疏双果、三果中的小果和密生果。每个母枝上留1～2个果，因树定果、定产。

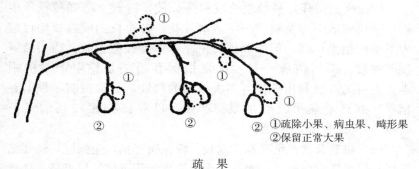

①疏除小果、病虫果、畸形果
②保留正常大果

疏　果

（5）环割、环扎、环剥促花和保花保果　对旺树和旺枝于花芽

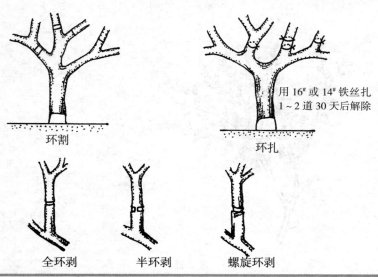

环割

环扎

用16#或14#铁丝扎
1～2道30天后解除

全环剥　　　半环剥　　　螺旋环剥

分化前期 9 月中下旬至 10 月下旬，采取环割、环扎、环剥主枝、副主枝促进花芽分化；现蕾至谢花后，用上述措施同样有保果作用。环剥只剥旺长树和旺长的枝条。幼年树拉枝也很重要，能抑制旺长，促进早结果。

2.4 柠檬

柠檬生长强旺，易抽生长枝和徒长枝，树冠上部强枝竞争生长，造成树冠下部荫蔽。一年多次开花，各季枝梢成熟枝均可成为下季的结果母枝，但以春梢为主。修剪要轻剪长放，适当疏剪顶部强枝，多留内膛小枝。抹夏梢保春梢果是稳定产量的根本。也有的产区利用柠檬可多次结果的特性，采取控制冬果（春梢果）提高夏熟果（夏梢果）产量，以获得柠檬较高的经济效益。

（1）轻剪长放，适当疏剪强枝　柠檬树势强，生长旺，幼年结果树在气候适宜产地，一次、二次、三次梢均可成结果母枝，注意长放结果，适当疏剪直立强枝。

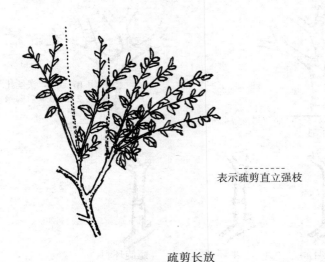

- - - - - - - - -
表示疏剪直立强枝

疏剪长放

（2）蓄留内膛小枝，让其结果缓和树势 柠檬树冠内膛中下部小枝是主要结果母枝，是获得产量的主要部位。结果多，也可抑制树势生长。

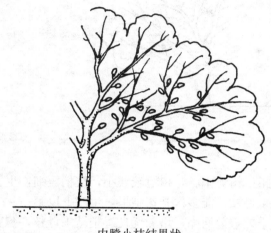

内膛小枝结果状

（3）疏剪果柄枝、枯枝 柠檬内膛小枝结果好，剪除果柄枝、枯枝、密生枝，促发新枝，保持内膛枝的结果能力。

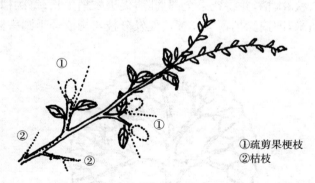

①疏剪果梗枝
②枯枝

疏剪果梗枝、枯枝

（4）回缩多年生大枝，促发壮枝恢复树势 经多年结果，树势会逐渐衰弱，及时回缩多年生大枝，促发壮枝以恢复树势。

——回缩的多年生大枝

回缩大枝

2.5　金柑

嫁接金柑，树势中庸，树冠较矮小，枝梢短细，生长密，以当年枝梢为结果母枝，能多次开花结果，生产上以第一、二次开花结果为主。春季要重剪回缩，培养优良春梢结果母枝，疏剪密生细弱枝，提高一次果大果率。

（1）摘花疏果，放好3次梢，培养矮干圆头树形　金柑易成花结果，幼树不摘除花果常影响树冠扩大。在没有形成树冠前，一年放春、夏、秋3次梢，并将花果全部摘除，促进枝梢生长。每次梢控制为10～20厘米，即摘除梢顶2～3芽，促发分枝，构成矮干圆头树形。

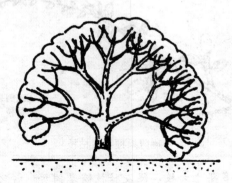

金柑矮干圆头树形

（2）回缩修剪，培养健壮春梢结果母枝　每年春季萌芽前20天，将结果枝重剪回缩至春梢结果母枝，促发整齐春梢。展叶后，疏除细弱枝，以培养健壮的春梢结果母枝。

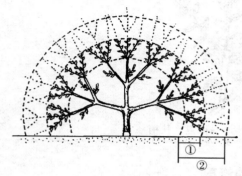

①回缩后长出的春梢结果母枝层
②回缩重剪层

回缩重剪促发春梢结果母枝

（3）疏除密生枝，保持内膛通风透光　金柑结果树经连年回缩、"齐尾"修剪，内膛枝密度大、光照差。要疏删密生衰弱枝、病虫枝和枯枝，保留强枝。

疏除密生枝

疏删密生枝

（4）控制夏、秋梢，保果壮果　金柑以当年春梢为主要结果母枝，生产上经济产量都是健壮春梢第一、二次花结的结实。树势过旺，夏梢没控好，秋梢发生多，会引起严重生理落果。因此，金柑成年结果树夏、秋梢要全部抹除，以利保果、壮果。

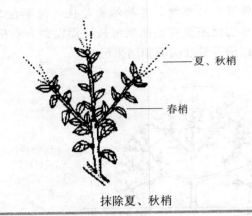

抹除夏、秋梢

3 柑橘不同类型树的修剪

3.1 大小年树的修剪

进入盛果期后在结果多的年份，营养枝少，次年没有足够的结果母枝，花量少、结果少，形成结果小年；而在小年，又抽生大量营养枝形成了次年的结果大年。这种大小年循环如不及时矫正，会越来越严重，影响产量和品质。修剪是调节柑橘大小年结果的重要措施。

大年树修剪包括先年采果后至当年早春萌芽前休眠期修剪和生长期修剪。小年树修剪包括大年采果后至当年早春萌芽前休眠期修剪和生长期修剪。

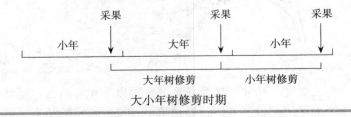

大小年树修剪时期

3.1.1 大年树的修剪

大年树是指当年结果多的树，大年修剪是平衡大小年结果的基础。

（1）**疏剪树冠顶部大枝开天窗** 大年冬剪要对树体进行一次大的调整和更新。枝组更新是解决局部结果与生长的矛盾，而疏剪顶部大枝开天窗，方能从根本上改善内膛光照。

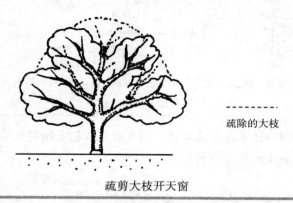

疏除的大枝

疏剪大枝开天窗

（2）**疏剪密生枝、枯枝、病虫枝** 大年花量多、结果多，在冬季早春修剪时，将枯枝、密生枝、病虫枝、细弱枝等一律从分枝处疏除。以减少养分消耗。

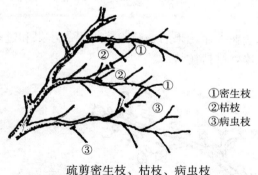

①密生枝
②枯枝
③病虫枝

疏剪密生枝、枯枝、病虫枝

（3）**短截夏、秋梢结果母枝** 大年能结果的母枝多，冬剪时，对强旺的部分夏、秋梢结果母枝采取短截，促发春梢营养枝。

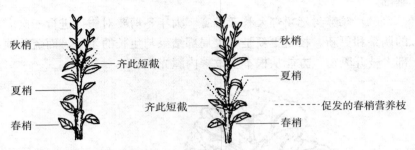

留春、夏梢基枝，剪去秋梢部分　　留春梢基枝，剪去夏、秋梢部分

短截夏、秋梢方法

（4）回缩修剪落花落果枝　谢花后至放梢前均可修剪，剪除衰弱部分，留下健壮和有营养枝的部分。

回缩修剪落花落果枝

（5）疏果　在大年稳果后，疏除病虫果、小果和过多的果，保持正常的叶果比，维持树势。

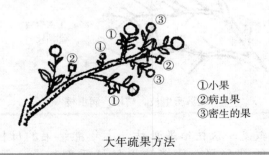

①小果
②病虫果
③密生的果

大年疏果方法

（6）短截回缩结果枝组，促发秋梢　7月上中旬放秋梢前，短

截、回缩树冠中上部外围部分结果枝组，留桩长 10～15 厘米，促发秋梢，培养小年结果母枝。

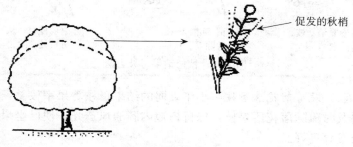

回缩结果枝组促发秋梢

3.1.2 小年树的修剪

大年采果后树势衰弱，优良的结果母枝少，所以小年树的修剪宜轻、宜迟，弱枝尽可能保留，以见花修剪较好。

（1）尽可能保留能开花的枝梢 小年结果母枝少，优良母枝更少，只要能开花的结果母枝，小年要一律保留让其开花结果。

（2）短截疏剪树冠外围的衰弱结果枝组 萌芽前，对大年结果后衰退的结果枝组进行短截、疏剪、回缩更新。

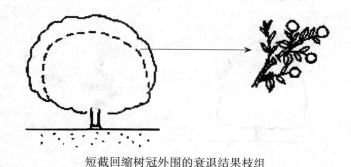

短截回缩树冠外围的衰退结果枝组

（3）回缩夏、秋梢结果母枝 强健的结果母枝回缩至夏梢，衰弱的回缩至春梢，过密且衰退的从分枝处疏剪。

留春夏梢基枝，
剪除秋梢

留春梢基枝，
剪除夏、秋梢

衰弱枝组，从
分枝处疏除

回缩夏、秋梢结果母枝方法

（4）疏剪落花落果枝　小年衰弱的结果母枝着果率较差，开花后要及时疏除落花落果枝，保持树冠内膛通风透光，使已坐果的枝生长发育良好。

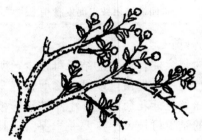

疏剪落花落果枝

（5）抹除夏梢　小年挂果少，夏梢发生多，展叶前抹除，以减少生理落果。

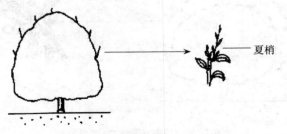

夏梢

抹除夏梢

3.2　密植柑橘园的修剪

密植柑橘园包括计划密植园和种植密度大的永久性橘园，修剪措施按密度而定，既要达到早结高产，又要最大限度延长盛果期。修剪的基本方法是：剪上不剪下，剪强不剪弱，剪外不剪内。

（1）控制临时株的树冠，适时间伐临时树　密植栽培必须要选择相应的品种，采用矮化砧木。计划密植园种植时，还要确定间伐（移）株和永久株，不同的树形采用不同的修剪技术。当树冠封行时，当机立断压缩间伐株树冠，适时进行间伐（移），保证永久株树冠的生长空间，以维持较长的经济结果期。

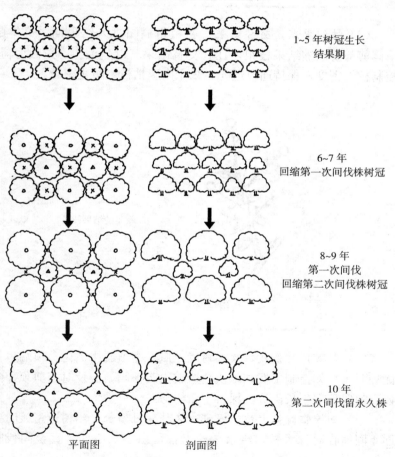

1~5 年树冠生长
结果期

6~7 年
回缩第一次间伐株树冠

8~9 年
第一次间伐
回缩第二次间伐株树冠

10 年
第二次间伐留永久株

平面图　　　　剖面图

永久株

第一次间伐株

第二次间伐株

密植柑橘园树冠控制、间伐演变图

（2）枝组更新，交替结果　密植柑橘园进入结果期，每年冬季修剪都要回缩结果枝组，让其交替结果。以疏为主，短截为辅，控制枝组密度，保持通风透光，减少内膛枯枝，防止密膛。

新生的结果枝组

枝组回缩交替结果

（3）疏剪顶部强枝，改善内膛光照　密植园柑橘树，顶端生长优势明显，如控制不好，很快会造成内膛郁闭。应及时疏剪顶部强枝，削弱顶端生长优势，保持中庸树势。

（4）回缩临时株大枝，保证永久株树冠增长　当树冠密接时要逐年回缩临时株大枝，给永久株大枝留出生长空间，直至间伐临时株。

疏除顶部强枝

3.3　强旺树的修剪

柑橘旺长原因很多，有品种、砧木内在因素所致，更多是由肥水管理不当形成的。造成枝梢旺长，适龄不开花结果或结果很少。这类树的修剪，要在调理肥水的前提下，剪强枝、直立枝，长放中庸枝，促进花芽分化，促使开花结果。

（1）高接换种　如品种不良的应尽早高接换种。

（2）分批疏剪强枝　对强旺树的上部强枝，要分批疏剪，以改善内膛光照，不能短截。

（3）断根晒根　9～10月开沟断根、晒根。2～3月萌芽前，从一边开沟挖20～30厘米深，将大根截断或截断皮层，抑制旺长。

（4）环割（剥）促花　9～10月对部分直立大枝采取环割（剥），促进花芽分化，谢花后环割（剥）保果。

（5）抹春梢控夏梢，适量放秋梢　按树势强旺程度，春梢留1～2叶或3～4叶的，5叶以上的全抹光；夏梢控制不放；秋梢放后再疏。按品种不同，留中庸的，抹除过强和衰弱的枝梢。

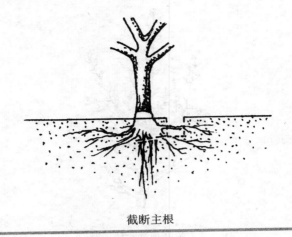

截断主根

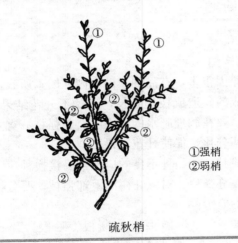

①强梢
②弱梢

疏秋梢

3.4 高接换种树的修剪

品种不良和良种鉴定都需要进行高接换种，高接换种树的修剪包括嫁接前后修剪和管理期间修剪。

（1）换种枝的选择与修剪　高接换种树的年龄应以 10 年以内的树龄为好。嫁接枝选择分枝角较小，生长枝直立，枝径 2～3 厘米的，在高度 100 厘米左右的平滑地方进行嫁接。秋季用腹接，春季用切接。嫁接前，将嫁接口附近上下的小侧枝剪去，保持 20 厘米范围内无分枝。

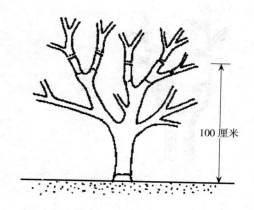

嫁接枝选择

（2）保留辅养枝　在嫁接部位以下，适当保留部分小侧枝，剪去直立的，保留平展和下垂枝，以辅养接芽。

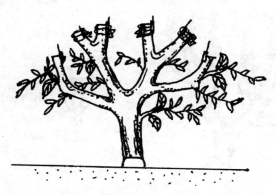

保留水平枝和下垂枝为辅养枝

（3）摘心促发分枝　接芽萌发以后，一般长至 6～8 片叶摘心，长势弱的在 4～6 叶摘心，以促发分枝。

摘心后萌发的新梢

摘　心

（4）抹除主干、主枝上萌芽　高接换种第一年生长期，主干、主枝上会发生大量的萌芽，应及时抹除。10天抹1次，齐发生处抹除，不留桩。抹多次后，发生处膨大的要用刀削平，或用枝剪剪平。

抹除的萌芽

抹除萌芽

（5）处理辅养枝，锯除枯桩　接芽生长二次新梢以后，可逐渐疏剪辅养枝。第二年萌芽前，再将辅养枝和未接活的枯桩全部锯去。若换接芽数量不足，可留当年夏梢在秋季或翌年春季补接。

疏除辅养枝

（6）疏剪密生高接枝梢，培养树冠新绿叶层 为了保证高接换种及早形成树冠，开始嫁接时可适当多留枝桩，多接一些芽。但随接芽的生长，新梢增多，再疏除过密的枝，以构成少而稀的树冠骨干枝，培养较厚的绿叶层。

- - - - - - -
疏除的高接枝

疏　梢

3.5　移栽大树的修剪

随生产的发展，机械程度的提高，柑橘大树移栽已变得简单易行，常被生产上所使用。修剪是大树移栽的一个重要措施，按照地上部分与地下部分平衡的原理，修剪好树冠、根系才能提高成活率，取得较好的效益。

（1）**断根促发新根**　移栽的先年秋季（9～10月），离树干50～100厘米处，开挖半环或环状沟，宽20～30厘米，深30～40厘米。在沟内施入堆肥或肥土，促发新根。

（2）**回缩大枝，蓄留辅养侧枝**　大树在移栽前，要将主枝、副主枝回缩到3～5级，仅保留中下部侧枝及其叶片。已断根的按断根沟挖深40～50厘米，切断垂直根，用稻草绳或编织袋包裹。没经断根处理的，视抬土体积大小，以确定枝干修剪程度。带土体积大，可保留4～5级枝；带土体积小，可仅保留50～100厘米高的1～2级分枝，不管是带土或带不起土的，都要重剪枝干和修剪根系，保持上下处理平衡。

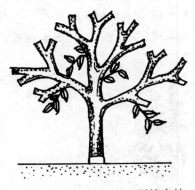

回缩至2~3级分枝，保留中下部侧枝及叶片

回缩大枝

（3）**疏梢摘心，促发分枝**　大枝移栽成活后，主干、主枝上会萌发很多新梢，要及时进行疏梢，每个剪（锯）口首先留4～6根，在不同方位，上下要均匀，留外向枝、背上枝、侧向枝，一般不留背下枝。新梢按生长势强弱，5～8叶摘心处理，促发新分枝。以后各次新梢亦同样处理，以增加分枝级数，尽快形成新树冠，提早结果。

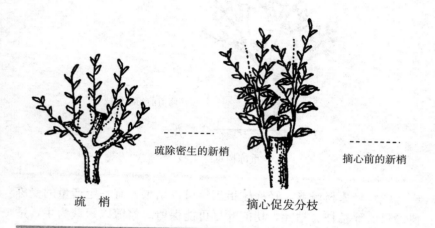

疏除密生的新梢

摘心前的新梢

疏 梢

摘心促发分枝

3.6 冻害树的修剪

受冻柑橘树要按其冻害程度进行修剪，轻伤早剪，重伤后剪。一般冻后修剪时间比往年要推迟。其原因是过早修剪不易辨别冻伤部分，且伤口不易愈合，造成枝叶继续干枯。应在萌芽后进行修剪（日均温稳定在10℃以上）。重伤树锯大枝或锯干的时期也应在冻伤界限明显时进行。橙类、柚类更新能力强，即使锯断主干也能恢复树冠。但温州蜜柑必须保留主枝至少到基部才能更新。

（1）重冻树按冻害程度回缩枝干 剪枝锯干部位应在健康部位以下1～2厘米左右。大枝修剪或锯干后，下部枝叶尽量保留作辅养枝。萌芽后，在剪口附近易发生很多萌蘖，在多留枝叶的前提下适当抹芽、摘心。

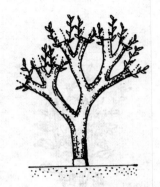

修剪前的冻伤枝

重冻树锯除大枝

（2）轻冻树修剪　轻冻树指当年可以结果，有一定产量的受冻树。只剪除枯枝、枯叶，功能叶尽可能保留。修剪以短截为主，适当疏剪密生细枝，多保留内膛春梢母枝结果。

（3）枝干、伤口保护　受冻树修剪后，要及时对枝干和伤口进行保护。枝干刷白，防止日灼裂皮；伤口锯平，边缘用利刀削成圆弧形，涂杀菌剂消毒后，用薄膜包扎。

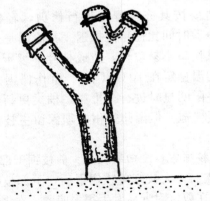

剪锯伤口保护

（4）疏梢、摘心　受冻树经修剪后，存活的枝干潜伏芽易萌发大量新梢，应及时疏梢。主干主枝上的萌芽，一般每个锯口留4～6个新梢，靠近锯口下30厘米以内，不同方位均匀分布。每次新梢留6～8叶摘心，达不到6叶的不摘心。摘心后，萌发的夏、秋梢要抹芽1～2次，使每个基枝能萌发2～3个新梢，增加新梢枝数。

（5）根系修剪　冻害严重的树，在对枝干修剪的同时，于萌芽后对根系进行修剪，有利于促进地上新枝的生长。2～3月在原树冠滴水线内开挖半环状沟，宽20～30厘米，深30～40厘米，将断根进行修剪，然后埋入表土及有机肥，促发新根。

4　修剪发展趋势

随着经济的迅速发展，劳动力成本逐年增加，为提高生产效率，简化修剪程序势在必行。目前国内外推广较多的是源于日本的大枝修剪和源于美国的机械化修剪（即篱剪）。

4.1　大枝修剪

大枝修剪是指日本对温州蜜柑矫正树体骨架的一种修剪方法，修剪对象主要适用于7～8年以上的成年园，树冠郁闭的橘园效果更佳。大枝修剪时间一般在2月初至3月中旬之间。大枝修剪简便易行，操作容易，比传统的精细修剪法提高工效6～10倍。

操作步骤如下：

①操作者钻入树冠下部，仰头扫视树冠周围，确定方位合适的大枝作为主枝保留，与主枝竞争的其他大枝按过渡枝和锯除枝分别处理。每主枝上确定分枝角度大于45°的2～3个粗枝作为副主枝保留，其余粗枝也分暂时保留枝与锯除枝分别处理。

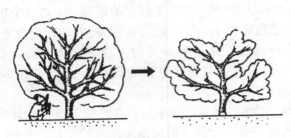

大枝修剪方法

②根据树体大小分年实施。大年树、衰弱树、老年树宜重，小年树、强势树宜轻。第一年，从基部锯除与主枝竞争的中间直立大枝，降低树体高度，开好小天窗，适当锯除主枝上扰乱树形的副主枝状的交叉、郁闭大枝，使枝序分明。当年可剪去大枝2～3个，第二年将临时性保留枝锯掉2～3个。依此方法在3～4年内调整完成。

大枝调整中的温州蜜柑（尾张）

③粗略剪除病虫枝、枯枝、交叉枝，并对部分2～3年生侧枝进行适当回缩，对老结果枝组进行更新。

④修剪后当年注意控梢抹芽，对剪口部附近大量抽生的新梢应删密留疏，去弱留强，春梢于4～5叶时摘心，夏梢、秋梢留6～8叶摘心。使各次枝梢生长健壮，迅速形成结果母枝，同时加强综合管理。

大枝调整后的温州蜜柑(尾张)树形　　树冠上下、内外均能结优质果

4.2　篱剪

篱剪是使用修剪机将行间两侧的树冠压缩剪齐，成垂直形或呈一定的倾斜度，外观呈篱状而得名。

篱剪大体分为侧篱剪和顶剪两种，侧篱剪是把树冠两侧压缩剪平，垂直或与主干呈一定角度，依品种而异；顶剪是把树冠顶部剪去。当枝条已伸长到在行间相互接触时便开始进行篱剪。篱剪树必须宽行栽植，行间应有 2～2.5 米左右的通路。主要修剪行距方向，隔行进行，两年后再篱剪余下各行，一次篱剪可维持 4～5 年，各方向约 4 年篱剪 1 次。

侧篱剪　　　　　　　　　　　　顶　剪

篱剪机械

篱剪能保证行间有足够的空间，增加下部枝条的结果，提高果实品质，同时把果实生长需要的空间（光照条件）和操作管理需要的空间（耕作道）统一起来。

光照充足、便利操作

篱剪方向的第一年一般减产，但能促发更新枝。以后产量即上升，平均产量仍然很高，且果实品质好。

树篱形树冠内部无效容积少，主要是改善了树冠下部光照条件，在篱高 1.8 米以下着生有 35％ 左右的果实。树篱形状一般有直方形、梯形和三角形等，三角形和梯形下部受光充足，可增加下部的结果，更便于采收。

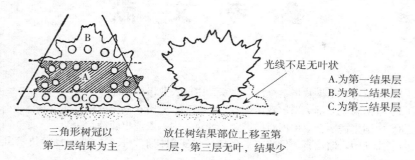

光线不足无叶状

A.为第一结果层
B.为第二结果层
C.为第三结果层

三角形树冠以第一层结果为主

放任树结果部位上移至第二层，第三层无叶，结果少

树形与结果层

（引自平野等，1970）

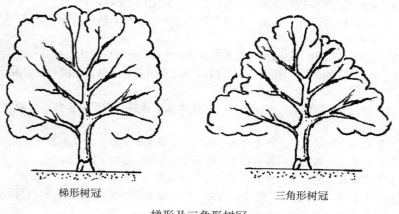

梯形树冠

三角形树冠

梯形及三角形树冠

参 考 文 献

［1］郗荣庭．果树栽培学总论．北京：中国农业出版社，2002
［2］华南农业大学．果树栽培学各论．北京：中国农业出版社，2001
［3］中国柑橘学会．中国柑橘产业．北京：中国农业出版社，2008
［4］张秋明，谢深喜，侯峻等．果树栽培实用技术．长沙：湖南科学技术出版社，2005
［5］张秋明，谢深喜，郑玉生等．脐橙高产栽培技术．长沙：湖南科学技术出版社，1992
［6］吴耕民．果树修剪技术．上海：上海科学技术出版社，1963
［7］沈兆敏，周育彬，邵蒲芬．脐橙优质丰产栽培技术彩色图说．北京：中国农业出版社，2001
［8］陈杰．美国纽荷尔脐橙优质高产栽培．北京：金盾出版社，2006
［9］林大盛，陈维新，杨家栋．柑橘栽培技术图说．上海：上海科学普及出版社，1990
［10］李三玉，程绍南，王元裕等．当代柑橘．成都：四川科学技术出版社，1998
［11］周高全，胡晓华，卢光辉等．柑橘修剪技术．北京：农业出版社，1988
［12］石长松．柑橘冻后修剪技术．中国南方果树．1993（4）：25
［13］程绍南．柑橘大枝修剪技术综论．中国南方果树．1997（4）：11～12
［14］韦丽芳，黄宏业．"先乱后治"——柑橘整形修剪新策略探讨．柑橘与亚热带果树信息．2005（3）：43
［15］孔樟良，周霞萍．应用日本柑橘修剪技术对橘园行改造性修剪．江西园艺．1995（4）：26

图书在版编目（CIP）数据

图解柑橘整形修剪/谢深喜主编 . —北京：中国农业出
版社，2009.12（2023.9 重印）
ISBN 978 - 7 - 109 - 14275 - 6

Ⅰ . 图… Ⅱ . 谢… Ⅲ . 柑桔类果树－修剪－图解 Ⅳ .
S666.05 - 64

中国版本图书馆 CIP 数据核字（2009）第 242981 号

中国农业出版社出版
（北京市朝阳区农展馆北路 2 号）
（邮政编码 100125）
责任编辑 黄 宇

中农印务有限公司印刷 新华书店北京发行所发行
2010 年 1 月第 1 版 2023 年 9 月北京第 4 次印刷

开本：880mm×1230mm 1/32 印张：5.375
字数：137 千字
定价：20.00 元
（凡本版图书出现印刷、装订错误，请向出版社发行部调换）